美欧国防科技协同创新机制

孙兴村 钱 中 梁栋国 等编著

国防工业出版社
·北京·

内 容 简 介

本书旨在研究和探讨美欧国防科技协同创新机制，共分为六章，包括：国防科技协同创新机制概况，阐述美欧对国防科技协同创新认识，以及协同创新机制的演变过程；国防科技宏观统筹机制，重点讨论美欧国防科技宏观统筹机制，揭示两地的制度安排和政策措施；国防科技需求对接机制，分别介绍美欧需求对接机制的运作方式和相关举措；国防科技资源共享机制，包括创新主体的协同、人才培养与使用、联合投资机制以及科研设备设施共享等；国防科技成果转移转化机制，介绍了美欧推进成果转移转化的方式和实践；启示，介绍美欧国防科技协同创新机制的特点，为国防科技管理领域的研究和实践提供有益参考。

本书将为研究者、决策者以及相关从业人员提供参考借鉴，促进国防科技合作机制建设与创新发展。

图书在版编目（CIP）数据

美欧国防科技协同创新机制/孙兴村等编著.
北京：国防工业出版社，2025.3. —ISBN 978 – 7 – 118
– 13506 – 0

Ⅰ.F471.264；F456.4

中国国家版本馆 CIP 数据核字第 2025QL5071 号

※

国防工业出版社出版发行

（北京市海淀区紫竹院南路 23 号　邮政编码 100048）
雅迪云印（天津）科技有限公司印刷
新华书店经售

*

开本 710×1000　1/16　印张 10¼　字数 176 千字
2025 年 3 月第 1 版第 1 次印刷　印数 1—3000 册　定价 99.00 元

（本书如有印装错误，我社负责调换）

国防书店：(010)88540777　　书店传真：(010)88540776
发行业务：(010)88540717　　发行传真：(010)88540762

本书编委会

主　任：孙兴村　钱　中　梁栋国
副主任：闫　哲　穆玉苹　雷贺功
编委会（按姓氏笔画排序）：

王　川　史腾飞　年福星　李仲铀
冷欣阳　张怡鑫　孟　光　奉　薇
赵月白　赵宇哲　祝　燕　郭　宇
郭宇娟　寇玉晶　谢　忱　魏博宇

前 言
PREFACE

建立完善的国防科技协同创新机制是党中央着眼新时代国防与军队现代化建设全局做出的重大部署,是落实创新驱动发展战略的重要举措,是深化国防科技发展改革、形成一体化国家战略体系和能力的内在要求,对于提升国防科技自主创新能力,有力支撑强军目标实现,有效提升国防综合实力,引领国家科技进步,助力经济社会发展,具有重要意义。

国防科技是国家战略意志的重要体现,是国防和军队现代化的重要标志,是国家科技体系的重要组成部分。长期以来,党和国家始终把大力协同作为抓好国防科技发展和武器装备建设的重要战略方针,围绕国防和军队建设需求,军地各方坚持国家利益高于一切,团结协作、攻坚克难,在国防科技领域取得了以"两弹一星"、载人航天、探月工程等为代表的一批重大创新成果,积累了丰富的创新实践经验,开创了中国特色的国防和军队现代化建设自主创新道路。进入21世纪新时代,新一轮科技革命、产业革命、军事革命加速推进,国防科技发展呈现学科交叉、跨界融合、群体突破态势,国家战略竞争力、社会生产力、军队战斗力耦合关联越来越紧密,国防经济和民用经济、军用技术和民用技术的融合越来越深,亟须建立完善的以多元主体互动互促为基础的协同创新长效机制,提升国防科技创新体系整体效能,发挥国家创新高地和人才高地优势,加速科技向军队战斗力转化步伐。

随着技术发展的复杂化和细分化,协同成为国防科技创新的本质要求,引起世界各国重视。美国作为全球军事科技强国,其国防科技协同创新机制经历了漫长而丰富的发展历程,其国防科技政策文件中经常出现"Collaboration""Reliance""Cooperation""Partnership"等高频词汇,意在强调协同、信任和合作在国防科技创新中的重要性。2023年,美国国防部发布的《国防科技战略》更是强调打造"国防创新生态系统",通过促进关键与新兴技术的大规模快速转化,加速形成非对称作战能力。同时,欧洲国防科技协同创新机制也在不断发展和完善。欧盟层面及英国、法国、德国等典型国家均致力推动国防科技协同创新发展,欧盟设立欧盟科研框架计划、欧盟结构基金、欧洲防务基金,欧洲防务局(简称"欧防局")采取成立能力技术工作组、特设项目和计划、制定全面战略研究议程、启动"技术监视"计划等多项举措;英国探索建立军民两用技术中心、国防与安全加速器等协同创新机制,统筹大型企业、小企业、大学等各方力量;法国向私营企业外包任务,建立军民结合公共机构;德国主要以协会形式管理国家和国防科研机构,组织各方力量进行协同攻关,并促进技术转化。

在本书中,我们将对美、欧国防科技协同创新机制的演变进行详细梳理,分析其宏观统筹、需求对接、资源共享和成果转移转化机制的运作方式和机构设置。我们将深入探讨各个环节的经验和做法,以期为读者提供对国防科技协同创新机制的深刻理解和思考。本书在写作过程中,秉持客观、准确、全面的原则,旨在为国内相关研究人员提供一份系统的参考资料。希望通过本书,能够为国防科技领域的决策者、从业者和学者带来新的思考与启示。

最后,衷心希望本书能够对您的学术研究和专业发展有所帮助。同时,由于水平有限,书中难免存在疏漏或不妥之处,欢迎您对本书提出宝贵的意见和建议,以便我们不断改进和完善。愿本书能够为您提供帮助,让我们共同推动国防科技协同创新机制的进一步发展,为国家安全和军事现代化做出贡献。

编委会
2025 年 2 月

目录 CONTENTS

第1章 国防科技协同创新机制概况 … 1

1.1 美欧对国防科技协同创新的认识 … 3
- 1.1.1 美国对国防科技协同创新的认识 … 3
- 1.1.2 欧洲对国防科技协同创新的认识 … 4

1.2 美欧国防科技协同创新机制的演变 … 5
- 1.2.1 美国国防科技协同创新机制的演变 … 5
- 1.2.2 欧洲国防科技协同创新机制的演变 … 9

第2章 国防科技宏观统筹机制 … 13

2.1 美国国防科技宏观统筹机制 … 15
- 2.1.1 国家层面 … 15
- 2.1.2 国防部层面 … 36

2.2 欧洲国防科技宏观统筹机制 … 49
- 2.2.1 欧盟层面 … 49
- 2.2.2 国家层面 … 62

第 3 章 国防科技需求对接机制 ... 73

3.1 美国国防科技需求对接机制 ... 75
3.1.1 信息发布审查机制 ... 75
3.1.2 需求对接平台建设 ... 76
3.1.3 促进对接成效的举措 ... 83

3.2 欧洲国防科技需求对接机制 ... 89
3.2.1 通过信息日、发布会等方式促进信息沟通 ... 90
3.2.2 通过创新竞赛引导非传统供应商响应国防需求 ... 91
3.2.3 通过专门机构和平台加强需求对接 ... 92

第 4 章 国防科技资源共享机制 ... 95

4.1 美国国防科技资源共享机制 ... 97
4.1.1 创新主体的协同 ... 97
4.1.2 人才培养与使用 ... 104
4.1.3 联合投资机制 ... 108
4.1.4 科研设备设施共享 ... 110

4.2 欧洲国防科技资源共享机制 ... 112
4.2.1 创新主体的协同 ... 112
4.2.2 人才培养与使用 ... 117
4.2.3 联合投资机制 ... 119
4.2.4 科研设备设施共享 ... 122

第 5 章 国防科技成果转移转化机制 ... 125

5.1 美国国防科技成果转移转化机制 ... 127
5.1.1 军用技术转民用 ... 127

5.1.2　民用技术转军用 ·· 132
5.2　欧洲国防科技成果转移转化机制 ··· 138
　　5.2.1　英国国防科技成果转移转化机制 ································ 139
　　5.2.2　德国通过公立科研机构推进转移转化 ························· 141
　　5.2.3　法国重视军民两用技术的双向转移转化 ····················· 142

第6章　启示 ··· 145

6.1　美国国防科技协同创新机制的启示 ····································· 147
6.2　欧洲国防科技协同创新机制的启示 ····································· 148
参考文献 ··· 150

第 1 章

国防科技协同创新机制概况

对于国防科技协同创新,美国和欧洲在认识上和观念上存在一些差异和共同点。美国一直将国防科技协同创新视为保持军事优势和提升国家安全能力的重要手段,主张通过促进政府、军队、产业界和学术界之间的合作,加速科技创新和研发成果转化,以满足快速变化的军事需求。与美国不同,欧洲在国防科技协同创新方面的认识和做法相对分散和多样化,更加注重跨国合作,主张通过欧盟和其他组织框架,促进成员国之间的合作和资源共享,减少军事研发的重复投入,提高研发效率。尽管在具体的认识和做法上存在差异,但美国和欧洲都认识到国防科技协同创新对于应对国际安全挑战和保护国家利益的重要意义,致力于构建更加高效、灵活和协同的国防科技创新体系,以提升军事实力,加强国家和地区安全。

1.1 美欧对国防科技协同创新的认识

1.1.1 美国对国防科技协同创新的认识

科技创新必然是一个协同的过程，协同是科技创新的应有之义。美国学者刘易斯·M. 布兰斯科姆（Lewis M. Branscomb）和菲利普·E. 奥尔斯瓦尔德（Philip E. Auerswald）提出的管道创新模型，将科技创新分为基础研究（科学发现）、概念验证（技术发明）、早期技术开发、产品开发和产品生产（商业化/市场化）五个阶段，不同阶段对应不同的机构和人员，只有各个阶段紧密衔接、创新主体密切合作，才能发挥科技的最大效能。

美国十分重视国防科技协同创新，一般使用"Collaboration""Reliance""Cooperation""Partnership"等词汇来表达相关含义。例如，美国国防部习惯用"Reliance"表述国防科技协同机制，意指"依靠、依赖、联盟"，含义是国防部各科研部门结成互相依赖的联盟，以促进科技发展。20世纪80年代末，美国国防部开始构建国防科技内部协同机制，先是提出了"三军科技协同"（Tri–Service S&T Reliance）机制，1992年又将协同范围扩大到国防部直属业务局，提出了以《国防科技战略》及其下属《联合作战科学技术计划》《国防技术领域计划》和《基础研究计划》为核心的"国防科技协同流程"（Defense S&T Reliance Process）。2006年，美国国防部开始考虑建立"21世纪国防科技协同"（Reliance 21）机制，分别于2009年和2014年发布了《21世纪国防科技协同框架执行计划》及《21世纪国防科技协同框架运行规则》文件。

美国在国家安全战略和创新战略中也强调协同创新。美2017年《国家安全战略》提出"国家安全创新基础"概念，即"一个集合了美国的知识、能力、人才的网络，包括学术界、国家实验室、私营企业——它能将想法转化为新发明、将新发现转化为成功的产品和企业，同时保护和改善美国人民的生活方式"。2022年10月，拜登政府出台新版《国家安全战略》，将投资国防创新能力作为实现战略目标的关键途径之一。同月，美国国防部发布《国家防务战略》，提出"十年胜华"目标，并认为"技术优势是美军军事优势的基础"，是实现目标的关键要素，强调加快技术利用速度、找准技术投资方向、巩固技术创新基础、重塑技术创新体系、扩大技术人才队伍等举措。2023年5月，美国国防部发布《国防科技战略》，首次提出培育更具活力的"创新生态系统"，摒弃传统封闭的研发模式，建立更加广泛的盟友合作网络，强化优势互补、高效合作，让更多力量参与国防科技创新。

1.1.2 欧洲对国防科技协同创新的认识

欧洲汇集了英国、法国、德国等众多军事强国，其对国防科技协同创新的认识主要体现在国家之间和军民之间的协同。欧洲各国在防务与安全方面各行其是，国防科技发展缺乏统筹，国防科技投资存在不足、重复、零散等问题，因此强调通过国家之间的合作，提升国防科技创新效能。与美国相比，欧洲长期奉行国防科技发展市场化路线，政府直属国防科研力量规模小、不齐备，大多科研计划以民为主或军民通用，军民协同也成为欧洲国防科技协同创新的突出特点。

欧盟积极推动成员国之间的国防科技协同创新。2004年成立欧防局，旨在推进欧洲国防工业一体化。在欧防局主导下，先后颁布《欧洲国防技术与工业基础战略》《欧洲国防科技战略》《欧洲武器装备联合研制》等战略文件，制定实施"合作与共享行为准则""国防采购行为准则"等若干准则，积极斡旋并协调各成员国共同推进国防科技创新。但成员国间合作低效、资源投入重复等问题并未得到有效解决，欧盟委员会2017年估算，欧洲国防科研总投资中仅9%为联合投入，各成员国每年重复投资多达250~1000亿欧元。为此，2017年6月，欧盟委员会提出设立欧洲防务基金，于2021—2027财年投入130亿欧元，以资助成员国联合开发防务装备技术及能力。2024年3月，欧盟发布历史上首份《欧洲国防工业战略》，提出加强欧盟的国防工业联合规划和采办职能，投资由各成员国参与的联合项目，提升欧洲国防技术与工业基础竞争力。

在军民科技协同创新方面，《欧洲国防工业战略》提出鼓励和支持欧盟内规范化和系统性合作，特别强调为初创企业、中小型企业、小规模中型市值公司以及研究和技术组织，提供更灵活、更迅速的投资，支持有前景的技术从民用领域向国防领域转移。欧洲国家也都基于各自国情推动军民技术开发和双向转移转化。英国国防部《2020年科技战略》指出，科技创新格局已发生变化，众多跨国公司等通过纳入小企业的创新成果，大幅提升科技和数据能力，甚至可与某些国家媲美；构建与其他政府部门、学术界、工业界和国际伙伴的新型合作关系，推动非传统合作伙伴理解国防部面临的科技难题，并保证其创新活动不受已有解决方案影响。法国历来重视发展军民两用高技术，强调利用民用领域创新成果服务国防建设，如"法国2030"投资计划明确投资540亿欧元，推动太空、海底、航空、小型核反应堆等军民两用领域颠覆性技术创新。由于历史原因,德国的国防科研几乎全部由民间企业、地方科研机构和高等院校承担,这种供需关系使德国国防科技基础和民用科技基础具有天然协同的特点。尽管如此,德国近年认识到,随着国防监管体系越来越繁杂,德国国防工业与整个国家乃至欧洲的制造业和创新体系脱节。2024 年 12 月,德国发布《国家安全与国防工业战略》,提出统筹建设协同创新生态,鼓励军工企业带动初创企业,发展国防应用前景较高的前沿技术。

1.2 美欧国防科技协同创新机制的演变

随着全球政治经济格局的演变和科技的迅速发展,美国和欧洲的国防科技协同创新机制也在不断演化。从早期的政府主导模式到现在的多元化合作模式,这些机制在推动科技前沿和满足战略需求方面发挥了重要作用。本部分将回顾这些机制的演变过程,分析其背后的因素。

1.2.1 美国国防科技协同创新机制的演变

1957 年 10 月,苏联成功发射世界首颗人造卫星"伴侣"号。一直处于技术优势的美国,却由苏联率先发射了人造卫星,使美国朝野大受震动,美国开始深刻反省落后于苏联的原因。政界和军界认为,分散的国防科研管理方式是美国技术落后的主要原因。当时,虽然三个军种部隶属于国防部,但国防科技和武器装备采购仍分散管理,各军种部设有独立的装备采办管理机构,奉行不同的军事和采办战略,军种间互不通气,导致科研项目重复投入、科技进程缓慢等,这些问题尤其体现在太空和弹道导弹防御等先期技术研究领域。苏联"伴侣"号卫星的发射促使美国 1959 年在国防部长办公室下组建独立于各军种部的国防研究与工程署(Director of Defense Research and Engineering,DDR&E),统一领导国防科技创新活动。

20 世纪 70 年代后,随着日本经济的迅速崛起,美国的许多产业在竞争中处于劣势,市场份额下降。当时,政府部门、科研机构与企业界对技术成果特别是专利成果的转化并没有形成统一的认识。在政府层面,政府资助项目所取得的专利由政府持有,如将专利转移给其他部门,则需要经过复杂的审批程序。在科研机构层面,很多人认为,研究者与私营企业合作后,将不再关注技术创新而仅仅是受金钱的驱使为企业解决短期问题。在企业层面,由于很难从政府部门获得排他性的专利权,企业与政府、科研机构合作投资开发新产品、新技术的积极性不高,而小企业又没有实力直接投资研发新技术。

为此,美国通过立法的方式推进科技体制机制改革,努力强化国防科技协同创新。1976 年,美国国会通过《国家科学与技术政策、组织与重点法》,在白宫建立了科技政策办公室(OSTP),支持总统做出科技计划、政策和项目决策,特别针对影响国家经济、环境、外交关系、健康和国家安全的科技问题,实现了联邦政府层面军民科技的统筹。1980 年通过《拜杜法》对政府资助产生的创新成果确立了统一的技术转移法律制度,明确了创新成果的权属,加强了小企业在与政府、科研部门合作中的权利。继《拜杜法》之后,美国又制定了一系列促进非传统供应商参与武器装备建设的法案,如 1982 年《小企业创新发展法》、1984 年《国家合作研究法》、1986 年《联邦技术转移法》、1992 年《小企业技术转移法》、1995 年《国家技术转让与促进法》等,这些法律为深化国防科技协同创新机制改革提供了有力的保障(表 1-1)。

表 1-1 美国国防科技协同创新相关立法

时间/年	法律法规名称	主要内容
1980	拜杜法	允许大学和小企业保留联邦政府资助项目产生的知识产权,允许它们申请专利和进行专利许可与转让,联邦政府保留介入权
1982	小企业创新发展法	建立"小企业创新研究计划"(SBIR),要求联邦政府机构中,凡年度研发费在 1 亿美元以上的部门,要按一定比例向 SBIR 拨出专款,以增强创新型小企业在政府资助的研发中的作用,利用小企业的创新能力满足联邦政府对高新技术的需求,并促进国家经济发展
1984	国家合作研究法	改变了以反托拉斯法限制企业间合作的传统规定,允许企业间进行合作研发和生产;通过采用"合理原则"评估合作研发行为对社会整体利益的影响
1984	联合研究开发法	充分发挥政府资金的杠杆作用,促进创新一体化,建立政府、企业和大学之间的合作关系,促进这种合作关系组织化、制度化
1984	合同竞争法	要求联邦机构在任何可行的情况下促进民用产品使用
1986	联邦技术转移法	各政府部门可同工业部门签订合作研发协议和技术转让协议,政府研究机构可接受工业部门经费,并提供人员、劳务和设备;授权并资助联邦实验室联盟(FLC)开展技术转移活动
1992	小企业技术转移法	建立"小企业技术转移计划"(STTR),要求政府部门资助小企业与非营利研究机构推动技术成果商业化,小企业可拥有政府资助项目产生的知识产权
1995	国家技术转让与促进法	修订合作研究协议衍生的知识产权规定,允许非联邦政府合作伙伴选择独家或非独家专利许可,在一定领域内使用合作研究的成果

续表

时间/年	法律法规名称	主要内容
2000	技术转让商业化法	强化政府及研究机构在技术转移中的责任,优先将联邦政府机构的科研成果许可给小企业;简化联邦政府持有科研成果的转化程序

20世纪80年代,计算机与电子行业率先摆脱了军用市场束缚,在商业市场竞争压力和摩尔定律驱动下,开始大规模投资研发新技术。美国工业部门研发支出开始超越政府研发支出,这一趋势在80年代愈演愈烈,如图1-1所示,国防政策制定者开始设法利用商业创新来源。1984年,国会通过的《国防采购改革法》要求美国国防部在开发或采办军用产品时,"只要技术上可行,而且费用上节约",就应采用"标准化的或商用的部件"。1986年,罗纳德·里根总统设立国防管理特别工作委员会,即帕卡德委员会,由商业电子巨头惠普公司联合创始人、前国防部副部长戴维·帕卡德担任主席。该委员会研究提出多项提升国防采办系统效率的建议,其中最重要的一项建议是呼吁国防部采用商业流程与实践,消除阻碍国防部获取商业前沿技术的各种壁垒。1989年,国会制定了《美国法典》第10卷第2371条款,设定了一个为期两年的试点项目,让国防部所属国防高级研究计划局(DARPA)能够使用"其他交易"开展基础、应用和先期研究项目。"其他交易"使DARPA能够以比标准采办合同更加灵活的方式,引入商业企业及其技术。

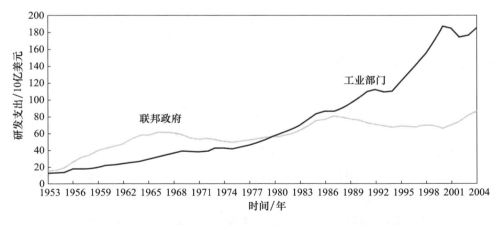

图1-1 1953—2004年美国联邦政府和工业部门研发支出情况

苏联解体后,美国成为世界上军事实力最强大的国家,此时国防工业面临国防预算不断削减的局面,许多政府官员和私营部门负责人提出要进一步利用民用科技工业基础(CTIB),并将其作为维持足够国防工业能力来满足未来国家安全需要的策略。经济上,日本成为仅次于美国的经济大国,加拿大、欧洲、韩国和新加坡等国家和地区的经济也在快速发展,国防科技研发部门担负起发展军民两用技术、服务国民经济增长的职能。以克林顿为首的民主党将提升经济竞争力作为一切内外政策的核心,支持政府研究机构与企业合作开发军民两用技术。1992年,民主党统领的国会通过了《军转民、再投资和过渡援助法》,授予国防部为期三年总投资近10亿美元的"技术再投资计划",研发军民两用技术。该计划共资助133个军民两用项目,涉及信息基础设施、便携式高能电池、车辆、航空、电子设备及机械设备设计与制造、材料和结构制造等技术。

1994年之后,美国国防部认识到必须加强所属部门科技的协同,建立了由国防研究与工程署主导的"国防科技协同流程",联合制定并实施《国防科技战略》及附属《联合作战科技计划》《国防技术领域计划》《基础研究计划》(表1-2),协调国防部各军种和直属业务局的科技活动,避免无谓的项目重复,寻求合作机会,把零散的项目整合成共同的科技项目。2003年之后,美国忙于反恐战争和激进的军事转型,《国防科技战略》及附属计划处于销声匿迹的状态。

表1-2 美国国防部三大科技计划方向和重点

计划	对军事能力的支撑功能
联合作战科技计划	面向确定的军事能力建设目标,提供技术和先进方案,支撑中期军事能力目标
国防技术领域计划	面向先进武器平台和系统,提供和储备共性技术,支撑并引领中远期装备发展需求
基础研究计划	面向不可预测的军事能力突破,储备基础与前沿科学技术知识,引领未来重大装备的发展

2006年,美国国防部组建国防科技顾问组(DSTAG),着手对日渐式微的"国防科技协同流程"进行调整,寻求建立"21世纪国防科技协同"(Reliance 21)机制,以更好地服务国防部科技团体,同时更快地响应作战部队需求。当时,美国各军种部拥有开发自身科技计划的自由,国防研究与工程署通过监管来协调这些科技计划,使它们成为一项联合的国防部层面计划。2007年9月6日,国防研究与工程署发布《战略规划》,指出:"美军当前和未来的人员依靠国家和国防部的科技投资,来提供具有优势的足以击败任何战场任何对手的能力系统。实现该愿景需要一个充满灵感的、高执行力的体系,要求国防部所有研究与工程机构能够跨组织边界有效地开展工作;还需要国防部有效地进行协作,作为科技团体一部分,进行跨部门协作、国际协作及同工业部门协作。"该规划强调,为了响

应不断变化的需求,国防部需要改革以更好地聚焦和强化现有协同机制。

2009年3月,国防科技顾问组发布《21世纪国防科技协同执行计划》,系统阐述了新的协同机制。"21世纪国防科技协同"机制的任务是引入更精益的流程,整合国防部科技项目规划工作,使参与部门能够一起规划、开展和评估科技项目。总体目标是通过协调国防部长办公室、参联会、各军种部和直属业务局的工作,持续提升国防科技的效能及其对作战部队的支持水平。该机制将提升科技资源的利用效率,寻找满足作战需求的联合技术解决方案;将扩大互操作能力、提供非对称能力和优势,允许未来联合部队击败任何战场的任何对手。2014年1月,为应对研发经费削减和外部威胁增加的双重压力,进一步优化研究与工程项目资金使用,研究与工程助理部长联合参联会、空军、国防高级研究计划局、海军、联合简易爆炸装置威胁降低局、陆军、导弹防御局等部门发布《21世纪国防科技协同创新框架》,围绕十七大技术领域建立了十七个技术委员会,构成了国防科技协同机制的基础。

2017年,美国启动冷战结束以来国防部最大一次采办管理体制改革,将采办、技术与后勤副部长的职能一分为二,即研究与工程副部长和采办与保障副部长。此次改革的背景是:①宏观战略环境方面,奥巴马政府发起"第三次抵消战略",以中俄为竞争对手,意图通过技术创新建立新的绝对军事优势;特朗普政府提出"大国竞争"战略和重振美国军力,延续对技术创新的重视。②国防采办改革方面,以参议院军事力量委员会主席麦凯恩为首的国会议员,积极推动国防采办改革,尽管遭到时任国防部领导层的反对,仍强力推行改组采办、技术与后勤副部长。③国防科技创新方面,采办、技术与后勤副部长办公室机构臃肿,管理权限过度集中,机制不灵活、运行效率低下,形成厌恶风险文化,缺乏对技术创新源头的使用和支持。此次改革后,国防部与国防科技管理相关的职能全部划归新设立的"研究与工程副部长",加强科技创新资源统筹管理。

1.2.2 欧洲国防科技协同创新机制的演变

欧盟地区国家众多,具有较大的复杂性、多样性和分散性。因此,欧盟在研究与创新方面最大的问题在于多样性的统一,以及稀缺创新资源如何汇聚。其国防科技协同创新体系的发展历程是逐渐统一的过程,大致经历了四个阶段。

1.2.2.1 探索阶段

欧洲国家在20世纪60年代着手在航空、核能等尖端技术领域进行合作研究。1961年,英国、法国、德国、意大利、荷兰和比利时共同成立了欧洲运载火箭研究机构(EL-DO),1962年又成立了欧洲空间科学研究机构(ES-RO),但这些合作在当时仅限定在几个国家之间,且资源共享有限,多次火箭发射只取得了部分成功。此后,欧洲国家开始意识到,必须进一步提升区域性科技合作与创新系统的建设,才能适应科技发展。欧洲空客共同研发计划(1970)、欧洲科技领域研究合作组织(COST,1971)、欧洲航天局(1975)先后建立。这一时期欧盟协同创新以有限的大型计划为主,并由几个大国主导。

1.2.2.2 初步形成阶段

20世纪70年代以后,受石油危机等多种因素影响,欧洲经济增长率逐渐下滑。同期,日本的国家创新系统引起全球关注,欧洲认识到技术与创新政策对促进国际竞争力至关重要。20世纪80年代,欧盟层面系统性创新体系开始建立。欧盟第一个研发框架计划(FP1,1984)与尤里卡计划(1985)先后启动,前者为欧共体最主要的公共财政资助科研计划,后者为高新技术联合研发大型计划。1993年,欧共体更名为欧盟,标志着欧洲一体化进程加快。

1.2.2.3 集成化阶段

2000年左右,随着全球化进程的推进和信息技术的发展,欧盟认识到其在知识经济领域的竞争力在下滑,必须进一步推动创新发展,向知识经济全面转型。这一思想集中体现在2000年发布的《里斯本战略》中,该战略提出欧洲研究区(ERA)的建设要形成人才、资金和知识自由流动的、面向全球的欧洲统一研发与创新市场,从而保持欧洲科学研究的卓越性。但这一决定直到2007年才重新审议确定,同年欧洲研究理事会成立。在国防领域,2004年欧盟正式成立了欧防局,负责统筹欧盟成员国力量,扩大和加强欧洲国防工业和技术基础,推进先进武器装备研制。这一时期欧盟开始向单一集成化的协同创新体系发展,但还缺乏具体的措施。

1.2.2.4 全面协同阶段

2008年金融危机爆发,使欧盟再次认识到自身经济结构的弱点,唯有再度转型加强创新,才可走出危机。2010年《欧盟2020战略》发布,创新联盟被作为七大旗舰行动计划之首提出,以强化协同创新体系的构建。2013年欧盟正式通过《地平线2020计划》,并针对研发计划分散、操作流程烦琐等问题,将原有的研发框架计划、欧洲研究区、尤里卡计划等进行整合,着力建设有助于提升协同创新水平的新型研究平台，如欧洲创新科技研究所（EIT）、联合研究中心、创新联盟等，使之参与扩大化、人才广泛化、模式新颖化。2021年3月，欧盟发布《地平线欧洲：2021—2024年战略计划》，设立了技术、环境、经济和社会维度的四大关键目标，并遴选出六大领域群，为欧盟技术研发投资提供了指南。

在国防科研领域，欧洲主要还是以国家为单位，资源配置重复，缺乏相互间的透明和统筹。而恰是这种现状，使国防科技创新一体化成为欧防局乃至欧盟的关注议题。2017年6月，欧盟委员会设立欧洲防务基金，试点资助欧盟成员国联合开展防务装备技术研发。同年，法国、德国、意大利等25个欧盟成员国签署具有强约束力的"永久框架合作防务协议"，共同发展防务能力和投资防务项目。2018年，欧洲议会通过了支持联合开发军事装备和技术的"欧洲防务工业发展计划"，2019—2020年从欧洲防务基金中拨款5亿欧元，这是欧盟有史以来首次将预算用于国防工业与技术基础。此后，欧防局和欧洲防务基金成为驱动欧洲国防科技跨国协同创新的两大支柱。

第 2 章

国防科技宏观统筹机制

为适应新型技术发展及其军事应用的需要，美国和欧洲国家持续优化国防科技宏观统筹机制，在管理思路和策略上把经济高效、创新突破、开放协同放在突出位置。美国在三权分立的政治体制下，对国防科技的宏观统筹来自立法、行政、司法三个不同方面，形成了国会和总统集中决策、政府部门协调进行行政领导的管理架构。欧洲国防科技宏观统筹机制分为欧盟层面机制和欧洲国家层面机制，前者以欧防局这一机构为代表，以加速区域军工技术融合，整合地区国防工业，提升武器装备研制效率。欧洲国家从研发目标确定到资金投入和成果共享，十分注重国防科技宏观统筹机制建设。

2.1 美国国防科技宏观统筹机制

美国企业研发投资远远超出联邦政府研发投资,在后者中,国防投资又占到一半以上,这两个特征决定了美国必须加强对国防科技发展的统筹协调,以引入和利用商业前沿性技术,同时发挥政府研发投资带动作用,引领基础性颠覆性技术的发展。美国实行行政权、立法权、司法权三权分立,对国防科技宏观统筹也来自行政、立法和司法三个方面,三者彼此联系,又相互制约,共同保障了军民科技发展的良好环境。

2.1.1 国家层面

美国信奉市场化规则,联邦政府研发投资主要集中在国防、医疗等事关国家安全的领域,其他能够通过市场发展的领域主要交给企业和大学去做。这种投资格局决定了美国国家层面的统筹主要围绕政府部门进行,通过调用市场机制利用商业技术。

2.1.1.1 公共部门和私营部门科技投资情况

根据美国国家科学基金会国家科学与工程统计中心(NCSES)2024年5月发布的统计数据(表2-1),2021年美国研发投资支出总额为7890.72亿美元,2022年估算值为8855.63亿美元。

从出资方看,企业是美国研发投资的首要来源,2022年投入6728.68亿美元,占总研发投资的76%,如图2-1所示。2000年以来,美国企业研发投资占总投资的比值保持在63%~69%,从2016年开始这一比例开始上升,最高为2022年的76%。联邦政府2022年投入1598亿美元,占总投入的18%,主要投向联邦政府所属机构、企业和高校,其中联邦政府所属机构执行的399亿美元全部来自联邦政府投资,联邦资助研发中心执行的229亿美元绝大多数来自联邦政府投资。2000年以来,联邦政府研发投资占总投资的比例为25%左右,此后逐渐涨至2009年和2010年的31%,随后呈现下降趋势,2022年为最低点,占比为18%。同时,美国各研发投资部门投入占GDP的比重变化情况如图2-2所示。

表 2-1　美国 2014—2022 年各研发投资部门情况　（单位：亿美元）

投资部门	2014年	2015年	2016年	2017年	2018年	2019年	2020年	2021年	2022年
企业	3184.10	3332.42	3602.90	3865.38	4264.88	4822.27	5203.64	5910.09	6728.68
联邦政府	1183.67	1195.32	1181.74	1224.70	1310.98	1357.79	1481.69	1475.31	1598.33
地方政府	42.14	42.77	49.95	50.76	52.52	54.74	56.76	57.33	59.02
高校	161.76	172.60	187.29	198.80	209.89	218.85	225.60	237.83	255.14
其他非营利机构	187.71	201.60	194.97	196.48	202.01	201.93	201.02	210.17	214.47
合计	4759.38	4944.70	5216.86	5536.12	6040.28	6655.57	7168.70	7890.72	8855.63

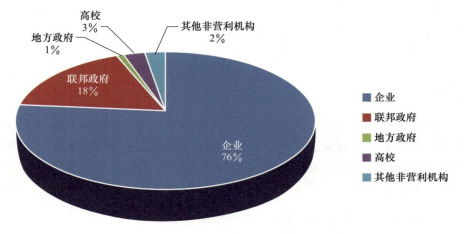

图 2-1　美国 2022 年各研发投资部门投入占比

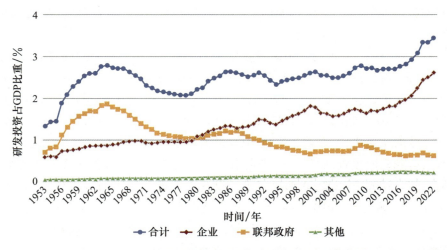

图 2-2　美国各研发投资部门投入占 GDP 比重变化情况

从研发类型看,2022 年,美国基础研究投入 1294.35 亿美元,占总研发投入的 14.6%;应用研究投入 1599.27 亿美元,占 18.1%;技术开发投入 5961.99 亿美元,占 67.3%。各研发类型资金来源如表 2-2 所列,可以看出:联邦政府投资对保证美国基础研究和应用研究起着重要作用;在技术开发方面,联邦政府虽然远低于企业投资数额,但远超过地方政府、高校及其他非营利机构。

表 2-2　美国 2022 年基础研究、应用研究和技术开发资金来源

(单位:亿美元)

	企业	联邦政府	高校	地方政府	其他非营利机构
基础研究	480.67	512.86	161.33	30.96	108.53
应用研究	599.27	987.68	19.75	460.68	67.44
技术开发	5260.35	624.78	26.37	8.31	42.20

联邦政府研发投资对维持美国技术优势起着重要的"压舱石"作用,特别是在一些基础性前瞻性颠覆性技术的发展方面。从联邦政府部门看,研发经费由高到低分别是国防部(DOD)、卫生与公众服务部(HHS)、国家航空航天局(NASA)、能源部(DOE)、国家科学基金会(NSF)、农业部(USDA)、商务部(DOC),其中仅国防部研发费就占联邦研发总额的近 40%,主要投向武器装备系统研制,如图 2-3 所示;其他联邦政府部门主要投资基础研究和应用研究。下面以 2022 财年拨款为例,对各部门研发投资情况进行介绍。

图 2-3　2008—2022 财年美国主要联邦政府部门研发投入

(1)国防部。2022 财年研发及研发设施经费 726 亿美元,约占联邦政府研发投资总额的 36.9%;2020 财年研发及研发设施经费 670 亿美元,约占联邦政府总投资 39%。用 2020 年数据分析,其中 667 亿美元用于研发活动,另外 3 亿美元用于研发设施。从投向看,国防部研发投资的 37%(248 亿美元)拨给了国防部所属实验室及联邦资助研发中心,63%(422 亿美元)拨给了外部机构,其中 358 亿美元投给了企业。从投资科目看,国防部基础研究和应用研究经费非常少,前者约 25 亿美元、占 3.7%,后者约 64 亿美元、占 9.6%;国防部绝大部分研发投入都分配给重大系统研制,包括作战系统开发、试验和鉴定,2020 年 578 亿美元,占研发总经费的 86.6%。

(2)卫生与公众服务部。主要资助医疗健康相关的研发。2022 年研发及研发设施经费 744 亿美元,占 38%;2020 年研发及研发设施经费 618 亿美元,占 36%。用 2020 年数据分析,其中 600 亿美元用于研发(约 290 亿美元用于美国国立卫生研究院的研发活动),18 亿美元用于研发设施。从投向看,该部门所属机构及联邦资助研发中心占到研发拨款的 35.2%,约 218 亿美元;另外 64.8%(400 亿美元)拨了外部机构。从投资科目看,几乎所有投资都用到了研究上,其中 36.3%用于基础研究、37.4%用于应用研究,只有 26.3%用于开发。

(3)能源部。2022 年研发及研发设施经费 186 亿美元,约占联邦政府研发投资总额的 9%;2020 年研发及研发设施经费 158 亿美元,同样占联邦政府研发投资总额的 9%。用 2020 年数据分析,其中 135 亿美元用于研发活动,23 亿美元用于研发设施。从投向看,能源部所属实验室和联邦资助研发中心占用研发拨款的 65.6%。能源部的许多研究活动都需要专业化的设备设施,而这些资源只能在能源部所属实验室和联邦资助研发中心才能获得,其他政府机构和非政府机构的科学家和工程师也可以使用这些设备设施;另外 34.4%拨给了外部研发机构,主要是企业和大学。从投资科目看,基础研究经费占研发活动总经费的 40.9%,应用研究占 37.3%,开发占 21.8%。能源部研发活动分散在能源系统、国防系统(大部分由国家核军工管理局管理)及一般科学机构(大部分由科学办公室管理)。

(4)国家航空航天局。2022 年研发及研发设施经费 119 亿美元,约占联邦政府研发投资总额的 6%;2020 年研发及研发设施经费 106 亿美元,同样约占联邦政府研发投资总额的 6%。用 2020 年数据分析,从投向看,国家航空航天局研发拨款 54.3%用于外部研发,主要由企业执行;45.7%用于内部研发机构和联邦资助研发中心。从投资科目看,基础研究占 40.9%、应用研究占 37.3%、开发占 21.8%。

（5）国家科学基金会。主要资助基础科学研究计划。2022 年研发及研发设施经费 85 亿美元，占联邦政府研发投资总额的 4%；2020 年研发及研发设施经费 68 亿美元，占联邦政府研发投资总额的 4%。用 2020 年数据分析，其中 64 亿美元用于研发活动，4 亿美元用于研发设施。大学和学院占基金会拨出经费的 96%，约 65 亿美元，对大学的资助金额在联邦政府中仅次于卫生与公众服务部。从投资科目看，基础研究占基金会研发经费的 86%，应用研究占 14%。

2.1.1.2 国会层面国防科技统筹机制

国会拥有立法权和预算审批权，通过立法在一些重大问题上做出决定，涉及国防科研的政府预算、重要规章调整和部门机构设置，都需要经过国会参、众两院的审议和批准，这使得国会在国防科技发展上发挥着重要的管理和监控作用。国会下设多个专业委员会，以及提供专业分析的政府问责署（GAO）、国会研究服务部（CRS）等机构，通过听证、立法、预算审批等活动履行决策和监督职能。

国会大部分立法工作由各种各样的委员会及下属分委会进行，一般先经由议员组成的分委会研究审核，再付诸听证和两会表决。当前参议院有 24 个委员会，包括 16 个常设委员会、4 个特别委员会和 4 个联合委员会；众议院有 26 个委员会，包括 22 个常设委员会和 4 个联合委员会。其中，国防科技管理相关的委员会及其职责如表 2-3 所列，它们负责立法事务、预算审批，审查国防技研相关提案并对国防采办实施监督。具体的权限和职能包括：①国防科技相关立法。审批国防部等行政部门的机构设置与撤销、重要官员的任命；制定和颁布《装备采办改革法》《芯片与科学法》等重要法律；审批涉及国防科技的政府预算；审批重大科技项目的设立；举行听证会审批国防科技领域重大问题和提案等。②国防科技监督管理。评估预算使用情况；监督武器装备项目研制；审核国防科技能力评估结果等。

表 2-3　国防科技管理相关的国会常设委员会

委员会名称	职责
参、众两院军事力量委员会	监督国防部及相关部门的组织运行，审批并监督国防部、能源部等部门国防相关预算，监督事项包括国防研发、与武器研发相关的航空航天活动、核能安全等
参、众两院拨款委员会	负责研究和讨论总统提出的预算草案，为国防计划提供拨款授权，限制拨款用途或施加拨款使用限制条件。两院拨款委员会都下设国防分委会，监督国防部整体资金情况

续表

委员会名称	职责
参、众两院预算委员会	对包括国防科技预算在内的联邦预算全过程（包括提交、控制、执行过程）进行全面监督，基本上所有联邦资金的使用都需要通过该委员会审定；根据政府总体收入和开支水平制定预算框架；监督非联邦预算支持的机构和项目
参议院商业、科学和运输委员会	主要负责民用陆、海、空运输安全与科技发展，通信技术与通信业、网络，以及民用航天领域科研相关的立法和监督
参议院能源与自然资源委员会	监督和报告能源和自然资源领域的立法活动，包括核科研方面的立法和监督
参议院小企业与创业委员会	监督和管辖小企业发展政策，涉及扶持小企业参与国防科技创新
众议院科学、空间和技术委员会	负责监督非军事联邦科研活动，如NASA、能源部等部门的民用领域科技活动
众议院小企业委员会	为小企业参与包括装备研制在内的联邦采购和政府合同提供资金支持和政策扶持

1）参议院军事力量委员会

参议院军事力量委员会每月至少举办一次常规会议，一般安排在周二或周四；如果多数成员同意，委员会还要举行特别会议。委员会及下属分委会的会议都要对公众开放，除非这些会议要处理涉密事项或内部管理事务。委员会主席原则上要列席所有会议和听证会，如果缺席则由成员投票选出会议主持人。委员会拥有以下管理权限：武器系统开发或军事作战相关的航空航天活动；共同防御；国防部、陆军部、海军部、空军部组织运行；军事研究与开发；核能在国家安全领域的应用；军事人员的薪酬支付、升职、退役等；共同防御所需的战略和关键装备。

目前，该委员会下设七个分委会：

（1）空地分委会，负责监督陆军和空军的研发、试验与鉴定和采购预算，不包括陆军和空军的技术基础、太空、网络、核武器、特种作战和弹药预算。

（2）网络安全分委会，负责监督国防部信息技术的研发、试验与鉴定，网络相关的作战试验与评估，网络能力的研发、试验与鉴定和采购，网络相关的训练及装备项目，所监管部门包括网络部队、美国网络司令部、国防部各部门的网络能力。

（3）新兴威胁与能力分委会，负责监督国防基础科研、作战试验与鉴定、特种作战和低密度冲突能力的研发和采购、维和行动、生化武器防御、化学武器销毁、安全合作项目等的预算,所监管部门包括研究与工程副部长、国土防御助理部长、情报副部长、特种作战和低密度冲突助理部长、特种作战司令部、国防高级研究计划局、国防安全合作局、国家安全局、国防情报局、国家侦察办公室和国家地理空间情报局。

(4)人员分委会,负责监督军事人员、退役军人事务、国防健康项目等的预算,制定军职和文职人员政策、核定军事人员数量、确定军职人员补贴和待遇,所监管部门包括人事与战备副部长、人力与预备役事务助理部长、健康事务助理部长、战备助理部长、国防健康局、国防服务局、国防军粮局、国防战俘及失踪人员统计局。

(5)战备与管理保障分委会,负责监督运行与维护预算、研发保障和基础设施建设、常规弹药采购、军事用房建设和家庭住房建设、基地调整和关停以及各军种管理的工业设施(海军船厂、陆军兵工厂和弹药厂等),另外还负责制定国防工业与技术基础政策、除网络外的信息技术管理政策,所监管部门包括采办与保障副部长、美国运输司令部、国防后勤局、国防财务与审计服务局、国防调查服务局、国防合同审计局和国防部监察长。

(6)海上力量分委会,负责监督海军和海军陆战队的研发与采购项目、国家海基威慑基金和国防海上补给基金。

(7)战略部队分委会,负责监督国防部核和战略部队、导弹防御、太空系统等有关的研发与采购项目,以及能源部国防项目和不扩散项目,所监管部门包括美国战略司令部、美国太空司令部、导弹防御局、国家核军工管理局、国防核设施安保委员会、国防威胁降低局。

2)众议院军事力量委员会

众议院军事力量委员会负责起草年度国防授权法案,该法案涵盖了国防部的运行、能源部国家安全职能及其他相关领域,涉及数百万军职和文职人员、数千座设施和数百个业务局、部门和司令部。当前威胁环境的复杂性、欧洲持续不断的冲突、大国之间的战略竞争及国防部政策重点的变化,使该委员会的监督职责变得更加重要。根据《美国法典》,众议院军事力量委员会拥有对法律、项目和机构的裁决权,包括对总体国防政策、军事作战、国防部和能源部的组织及改革、国防采办和工业基础政策、技术转让和出口管制、联合互操作性、国防合作威胁降低项目、能源部非扩散项目等的裁决。该委员会通过公开听证会、机密简报、圆桌会议等活动,对国防部总体和能源部所属国家核军工管理局进行监督。该委员会下设多个分委会,拥有对所负责事项的监督权,并保留了对所有事项进行监督和立法的权力。

（1）网络、信息技术和创新分委会,负责监督国防部有关计算机软件采购、电磁频谱和电磁战的政策,以及国防部与人工智能、网络安全、网络作战、网络部队、信息技术和科学技术相关的政策与计划。

（2）情报及特别行动分委会,负责监督国防部与军事情报、国家情报、打击大规模杀伤性武器、防扩散、反恐、信息行动和军事信息支援行动以及安全合作等有关的政策与计划。

（3）军事人员分委会,负责监督军事人员政策、预备役人员的整合和雇佣、军事医疗保健、军事教育,确保军人及其家属的利益得到保障。

（4）战备分委会,负责监督国防部预算中最大的一块——运行与维护费,监督军事战备、训练、后勤和维护事项,军事设施和住房事项,基地调整与关停过程,能源安全和环境事项。

（5）海上力量与投送部队分委会,负责监督海军、海军陆战队和空军的采购和研发项目,以及陆军水运船有关项目,以强化海空部队并为海军陆战队提供必要装备。

（6）战略部队分委会,负责监督核武器、弹道导弹防御、军事太空、能源部国家安全项目,确保美国做好应对任何导弹和核打击的准备。

（7）战术空中和陆上部队分委会,负责监督与飞机、地面设备、导弹、弹药等相关的陆军项目;与地面和两栖装备、战斗机、直升机、空射武器和弹药有关的海军陆战队项目;与战斗机、训练、侦察和监视、电子战飞机、直升机、空射武器、地面设备和弹药相关的空军项目;与战斗机、训练、电子战飞机、直升机和空射武器相关的海军项目;以及国民警卫队和预备役部队装备项目。

3）政府问责署

政府问责署(GAO)成立于1921年,原称政府总审计局,是隶属于国会的无党派独立机构,负责人为总审计长,职责是审查、监督联邦政府的所有收入和支出,被称为"国会调查分部"或"国会看门狗"。其总部位于华盛顿,在亚特兰大、波士顿、芝加哥、达拉斯等地设有国内地区分部和国际分部,现有雇员近3000名,专业涉及经济、社会、国土安全、工程技术、法律、精算、计算机、医疗卫生等领域。总审计长由总统提名经参议院批准后任命,任期15年且不得连任;必须超越党派,具备专业能力,总统不得免其职;除非国会弹劾或有其他特别理由,否则不得令其离职。

政府问责署是美国最重要的问责机构,主要体现在国会对政府机构的监督和制衡功能上。政府问责署通过对政府机构的运行情况进行评估监督,对有关非法和不恰当活动展开调查,对政府项目和政策实施情况进行调查,开展政策分析,提出问题解决方案交由国会考虑,向社会公布政府绩效信息等方式来监督政府。除了要探寻政府是否存在违法或不恰当活动,更重要的是,通过审查政府项目和政策在多大程度上达至预期目标以及对美国人民现实需要的满足度,开展以结果为导向的绩效评估,从而提出切实可行的改进建议,帮助政府改善业绩,辅助国会担负好问责和监督职能。

其职责权限主要包括八个方面:评估联邦政策和项目以及各行政机构的绩效;审计政府机构的运作,以确定联邦资金的支出是否合法、高效率以及高效益;调查有关非法或不恰当活动的指控;分析联邦项目资金使用情况;就政府项目和政策在多大程度上达到目标进行调查;发布法律决定和意见,判断行政机构是否存在违反现行法律法规的行为;进行政策分析,提出政策方案交由国会考虑;有权采取一些辅助性手段和措施,以帮助国会履行监督权和决策权。

政府问责署的任务来源主要分两类:一是指派性任务,根据国会委员会或议员的要求,对相关机构进行审查;二是自主开展的任务,根据法定权限和职责范围主动开展审查。目前,绩效审计、政策分析、方案评估已经占到政府问责署业务量的90%。其秉承"独立与公正"的工作理念,主要开展以下审查工作。

(1)制定审查计划。政府问责署在每次审查任务开始前,都要进行立项审查,确定审查范围、审查目标以及时间框架,确保审查目标的有效达成,防止审查资源的浪费。

(2)组织审查力量。政府问责署整合自身专业力量,组织起相应的审查团队;在执行特殊类型的审查业务时,还会委托外部智库、咨询公司或者被审查单位的技术人员参加。政府问责署与任务委托方和被审查对象建立了沟通联系机制,确保委托方能全面了解所承担任务的目标、完成时限、可用资源;确保对相关事实情况的准确理解和客观评估。

(3)开展调查与分析。政府问责署对被审查对象的运行情况、经费使用以及非法或不恰当活动等展开调查,进行分析和评估,向被审查对象提出意见和建议。在审查任务执行过程中,政府问责署定期提供动态简报。在调查取证阶段,政府问责署可在任何时候从被审查部门调取其认为需要的资料;在数据搜集分析的最后阶段,政府问责署将与相关机构的领导进行会商,确认采集数据的准确性与可公开性。政府问责署充分运用系统论、控制论、数理统计等科学理论,发挥信息技术的辅助与促进作用,提高审查和分析的效率。该机构受国会委托对国防部、能源部、国家航空航天局等政府部门实施的重大科研计划进行监督,每年抽取若干重大采办项目就技术成熟度、设计稳定性、经费支付情况进行评估,并向国会提交评估报告。例如,政府问责署每年都评估国防部武器装备采办项目的进度控制、经费使用、成本效益等情况,并向国会提交《重大武器装备项目评估报告》,针对存在的问题提出改进建议。

(4)提供审查报告。政府问责署起草审查评估报告,听取被审查对象的意见,经过修改后提交并发布最终报告。之后,政府问责署可能在国会委员会的书面请求下参加听证,接受质询。政府问责署的职责是发现问题,并就解决问题提出建议,无权对政府机构实施强制性惩罚。在收到建议后,相关机构如果没有进行改正,国会将举行听证会或其他措施强制其改正。

政府问责署设一位负责国防的副审计长,领导国防业务审计组,部分审计人员常年派驻国防部,负责包括国防采办事务在内的审查。一方面,探寻国防部是否存在违法或者不恰当活动,调查个人或机构对国防部招标项目的抗议,根据调查做出合法处理。例如,2014年7月,雷声公司对国防部授予洛马公司2.2亿美元远程反舰导弹工程研制合同提出抗议,政府问责署调查后认为,国防部的做法符合法律程序,驳回了抗议请求。另一方面,审查国防采办项目和政策在多大程度上达成预期目标,开展以结果为导向的绩效评估,进而提出切实可行的改进建议,帮助国防部提高绩效。

2019年1月,政府问责署组建科技评估与分析团队(STAA),以帮助国会更明智地应对新兴技术问题。该团队成立之初整合了政府问责署内部的70名技术人员与专家,由政府问责署首席科学家蒂姆·珀尔斯担任负责人。目前,该团队重点关注领域包括人工智能、自动化和机器学习,脑机接口、基因编辑和扩展现实,气候技术,医学创新,量子计算和国家安全。该团队评估分析新兴技术领域潜在的经济、道德、隐私、安全和社会影响,具体工作包括:一是开展关键技术及相关政策选项评估;二是审计政府科技项目,监督政府研发与先进制造投资;三是推广工程科学实践,包括成本、进度和技术成熟度评估;四是建立审计创新实验室,探索、试用和部署先进的分析能力及审计方法。政府问责署此前开展了大量技术评估工作,内容涵盖计算机技术、生命科学、制造、工程、气候变化以及水电基础设施,其技术评估工作遵循一般的程序,按国会委员会或议员的要求就某个议题开展研究并提交报告。科技评估与分析团队采取"更具前瞻性的姿态",向国会提供做出前瞻性决策所需的信息,2024年发布的报告包括《地平线上:可能影响社会的三大科技趋势》《人工智能:生成式人工智能训练、开发和部署注意事项》《小企业创新研究:大多数机构没有实施所要求的商业化试点》。

2.1.1.3 总统层面国防科技统筹机制

总统下设行政办公室、委员会和咨询机构等,负责协调国家科技的发展,制定国家科技发展战略,审批年度国防和非国防研发预算等。美国高度重视国防科技的战略地位,很多涉及国防科技的战略、预算、法律、计划及各种行政决策均需经美国总统审核并签署方能生效(表2-4)。

表2-4 白宫国防科技相关机构的职能

机构	职能
科技政策办公室	把握科技预算的投资方向和重点,为总统和高层官员提供联邦政府科技政策、计划和项目的建议、分析与评判,并协调所有政府部门的科技工作。主任为总统科技助理,直接向总统汇报
国家科技委员会	由科技政策办公室主任负责管理,成员来自各联邦政府部门,负责协调国家科技的发展、制定国家科技发展战略、加强国家对科技工作的领导
总统科技咨询委员会	成员除科技政策办公室主任外,主要来自产业界、学术界、研究院所和其他非政府组织,由总统任命,从非政府角度就科学、技术、创新等事项提供政策建议
管理和预算办公室	协助总统制定和管理包括国防研发预算在内的预算计划,并监督、评估联邦预算的执行,主任为总统助理,直接向总统汇报

1)科技政策办公室

科技政策办公室(OSTP)是美国白宫层面统筹各联邦政府部门科技发展的机构,根据《1976年国家科技政策、组织与优先事项法》组建。该办公室主任同时作为总统科技助理,并管理国家科技委员会。

科技政策办公室致力于利用科学、技术和创新的力量,将想法变为现实,从而实现美国的伟大抱负。具体职责包括:就科技相关事宜向总统和总统行政办公室提供建言;加强和推进美国科技创新;与联邦部门和机构以及国会合作,为科技发展制定大胆的愿景、统一的战略、明确的计划、明智的政策以及有效公平的项目;与工业界、学术界、慈善组织、民间社团、州、地区、部落和地方政府,以及其他国家开展科技合作;确保科技相关各个方面的公平、包容和诚信。目前,该办公室内设业务部门包括:

气候与环境部。通过协调气候与环境相关科学和政策流程、与合作伙伴协作、与政府以外利益相关者建立联系,提供清晰、有用、可用的科学和知识,为政府气候、环境和自然政策、行动及倡议提供信息支撑;确保联邦政府是气候、自然和环境的可靠信息来源;科学制定政策和流程,以促进公平、包容和环境正义。

健康促进部。利用科技和创新来改善美国人民的健康状况,包括促进健康有关工作,预防、管理、治疗和治愈疾病,防止下一次疫情暴发,改善医疗保健的可及性和质量等。该部门管理着拜登总统2022年启动的"癌症登月"计划,以加快终结癌症对健康造成的危害。该部门人员多为疾病预防、神经科学、罕见病、医疗创新生态系统、公共和人口健康、生物安全等方面的专家。

产业创新部。运用科技专业知识来推进总统的投资美国议程,包括《两党基础设施法》《芯片与科学法》《降低通货膨胀法》等,以振兴美国制造业、加强国家安全。一是通过降低成本、提高性能、加速转化和增加产量,加速清洁能源、生物制造、半导体等新兴技术应用,包括领导国家净零排放创新战略、制定聚变能商业化十年愿景、支持设立基础设施高级研究计划局(ARPA-I)、领导生物技术和生物制造创新行政令的实施、促进人工智能与能源技术交叉融合、推动国内微电子生态系统的健康发展。二是通过国家科学基金会的区域创新引擎、经济发展管理局的技术中心和白宫劳动力中心等项目,为全美参与21世纪经济创造新的可能,包括促进地区公私合作伙伴关系的建设、增强区域技术实力、创造高质量就业机会并释放应对国家挑战的新能力。三是开发分析模型和工具,以更好地理解和优化美国在国内和国际上的战略技术部署。

国家安全部。评估、开发、部署和治理新兴技术,以强化美国全球竞争力;制定长期科技战略,提升科技情报能力,塑造基础性技术投资,推动国家安全体系现代化,确保供应链安全,培育敏捷创新基础,加强出口和投资控制,打造全球最好的理工科人才队伍;减少核、生物、网络、自主等新兴技术给全球安全带来的灾难性风险,包括战争、流行病、大规模灾难等风险,以及太空、海洋和极地领域的新兴风险。该部门下设国家量子协调办公室(NQCO),以加速美国量子信息科技的研发。

技术部。推进技术和数据发展,包括利用技术和数据公平地提供服务,将技术和数据专业知识引入联邦政策的制定和实施,确保美国在技术研究和创新方面的领先地位;促进人工智能的发展和应用,同时管控其风险。该部门下设国家人工智能倡议办公室(NAIIO),以推进和协调人工智能有关的联邦计划和政策;下设美国首席数据科学家办公室,以推动国家数据科学的发展。

此外,科技政策办公室还挂靠和支持以下单位:总统科技咨询委员会、国家科技委员会、国家纳米技术协调办公室和北极执行指导委员会。

科技政策办公室统筹国防科技和民用科技发展的主要做法包括:成立跨部门委员会或工作组,制定科技政策和规划;建立由多部门参与的重大科技专项,如脑科学计划、国家纳米计划、材料基因组计划、机器人计划等;在各部门制定新财年预算前,与白宫管理和预算办公室联合制定并发布跨部门科技重点,引导各部门编制科技预算。

2024年8月,美国白宫管理和预算办公室与科技政策办公室联合发布《2025财年联邦研发优先领域》备忘录,明确重点研发领域,指导各部门制定研发预算。备忘录确定七个优先研究领域,包括:负责任的人工智能;确保国家安全的新兴技术;经济脱碳;气候危机解决方案;全民健康信息系统;支持美国在创新技术研究方面的竞争力。其中,确保国家安全的新兴技术包括量子信息科学、高性能计算、微电子和核能等。

与2024财年备忘录相比,2025财年更加重视开发"可信人工智能"、加强区域创新与研究安全风险评估以及美国科技竞争力基准评估等。鼓励各机构尝试不同研究资助机制、简化流程以尽量减少行政负担、吸引新的研发人员、探索新的研发方法、建立新的伙伴关系。2025财年备忘录重点内容包括:

(1) 关于国家技术竞争力。备忘录优先考虑国家技术竞争力,呼吁各机构"利用科技情报和分析能力来评估和衡量美国竞争力"。2022年《芯片与科学法》规定,白宫科技政策办公室须对全球科技竞争状况、美国科技领导地位面临的潜在威胁、国际合作机会以及影响美国科技事业的其他动向进行四年一次的审查。

(2) 关于区域创新。备忘录支持为促进区域创新和劳动力发展所做的工作。《芯片与科学法》为这些工作提供支持,授权国家科学基金会的区域创新引擎计划和商务部的区域技术和创新中心计划。

(3) 关于研究安全。备忘录指示各机构支持学术和工业部门"识别和应对研究安全挑战"。保护研究免遭竞争对手利用一直是联邦政府近年来的优先事项,科技政策办公室和联邦机构正在修订研究人员披露要求,以加强研究安全;国家科学基金会正在建立"研究安全研究"计划资助相关工作。

(4) 关于负责任的人工智能技术。备忘录指示联邦机构开发新的人工智能工具,以更好地履行政府使命,应对巨大的社会和国家挑战;呼吁通过"工具、方法和社区参与",指导监管制度的设计,减轻人工智能对"真理、信任和民主"构成的威胁,并加强"安全和保障,隐私、公民权利和公民自由,以及所有人的经济机会"。

美国依托白宫科技政策办公室及相关的跨部门工作组,站在国家全局和军民结合的高度制定科技创新顶层战略,指导和牵引国防科技和国家科技的发展,2014年以来发布了《国家创新战略》《国家安全创新战略》《材料基因组战略规划》《国家人工智能战略规划》《国家纳米技术战略规划》《关键与新兴技术国家战略》等战略规划文件,如表2-5所列。这些战略规划的内容包含对协同创新的要求,其本身的制定过程也体现出跨部门协同的特点。

表2–5　2014年以来美国发布的科技相关顶层战略规划

文件名称	发布时间	参与部门
《材料基因组计划战略规划》	2014年12月	科技政策办公室、能源部、商务部、国防部(海军研究署和空军研究实验室)、NASA
《国家创新战略》	2015年10月	国家经济委员会、科技政策办公室
《21世纪国家安全科技与创新战略》	2016年5月	科技政策办公室、国土安全部、国防部
《先进制造国家战略计划》	2012年2月	科技政策办公室、商务部、国防部、能源部、农业部、教育部、国土安全部、劳工部等
《国家制造创新网络战略规划》	2016年2月	先进制造国家项目办公室、国防部、商务部
《借助世界级科技人才维持美国创新前沿》	2016年7月	NASA、科技政策办公室、环境保护局、农业部、商务部、国防部、能源部等
《先进量子信息科学:国家挑战与机遇》	2016年7月	能源部、国家科学基金会、商务部、管理和预算办公室、科技政策办公室、国防部等
《国家人工智能研发战略计划》	2016年10月	国家科学基金会、情报高级研究计划局、国防部、国家安全局、国土安全部、NASA等
《国家纳米技术战略规划》	2016年10月	科技政策办公室、管理和预算办公室、国防部、能源部、国家侦察局、NASA等
《国际科学合作背景下获得联邦政府支持的科学数据和研究成果的原则》	2016年12月	国家海洋和大气管理局、农业部、国防部、能源部、卫生与公众服务部、国务院、NASA、国家标准与技术研究院等
《确保美国在半导体领域的长期领先地位》	2017年1月	总统科技咨询委员会
《关键与新兴技术国家战略》	2020年10月	白宫
《国家人工智能研发战略计划》	2023年5月	科技政策办公室
《美国国家创新路径》	2023年4月	科技政策办公室、能源部、国务院
《关键与新兴技术国家标准战略》	2023年5月	白宫

(1)《材料基因组计划战略规划》。2014年12月,白宫科技政策办公室发布《材料基因组计划战略规划》,为材料基因组计划的发展指明方向。2011年6月,奥巴马政府在意识到材料创新对复兴美国制造业的重要作用后,提出了"材料基因组计划"。该规划认为,需要转变材料研发的方式,通过学术界、工业界和制造商之间的深入合作,建立促进材料持续发展的知识流动机制。这种转变

需要从根本上改变团队合作的方式,使材料科学家之间的合作不能狭隘地局限于同一领域,应将理论、材料特性、合成和加工方法以及计算机模拟相结合,实现更富成效的多学科合作。为此,要整合材料研究领域的众多科研小组,定期组织研讨会,政府和工业界为物理、化学及材料专业学生提供创业培训和实习机会,并持续推进与国际同行的交流。

(2)《国家创新战略》。2015年10月21日,美国国家经济委员会和科技政策办公室联合发布第三版《国家创新战略》。这版战略特别强调开放式创新,指出:大型企业正由内部研发为主向联合中小企业、大学和用户开展协同创新转变;技术进步与扩散、风险投资增加降低了创新门槛,创业主体大量增加。为推动开放式创新,该战略要求:促进联邦资助的技术成果向企业转化;建设地区创新生态系统促进协同创新;开放政府数据尽可能地供公众使用;构建由全社会各种力量参与的"创客联盟";利用"众包"方式解决社会和科学难题;促进金融创新,为国家级重点项目招徕私营部门投资。

《国家创新战略》指出,协调一致的联邦政府工作对战略优先领域的就业和经济增长具有重大、积极影响。联邦政府制定以下领域的战略计划:拓展美国先进制造前沿,继续推进国家制造创新网络建设;投资影响未来产业发展的技术,如纳米技术、材料基因组、机器人、大数据、网络实物系统、工程化生物系统、变革性能源技术。

(3)《21世纪国家安全科技与创新战略》。2016年5月31日,美国国家科技委员会国土与国家安全分委会发布《21世纪国家安全科技与创新战略》,明确了构建"灵活、健壮、高效"的国家安全科技与创新体系的目标,并从人才、设施、管理和创新方法等方面提出增强创新能力的举措,其中大部分举措与协同创新相关。

人才方面:加强国家安全部门与教育部门的合作,通过提供教育资金、奖学金、实习和培训机会,培养所需人才;加强部门间的人才交流和技术互用,修订解决员工和机构间利益冲突的法律法规;营造广泛交流、便于互动的环境,向科学家和工程师提供创业机会和奖励。

设施方面:针对多个联邦政府部门共享的设施,建立联合规划和管理制度;为科学家和工程师提供先进的交流与协作工具,提高工作效率和创新积极性;出台政策推动公私机构共享基础设施,建立新的融资机制共同投资设施的新建和升级。

管理方面:鼓励风险投资参与支持国家安全创新任务,利用社会力量快速开发满足国家安全需求的新技术,并使小企业更加方便地获取存在过剩产能的联邦实验设施。

创新方法方面：通过开放式创新促进科技发展，不仅在国内推动科技与创新交流，还融入国际科技与创新工作；提高成果从实验室到市场的转化效率，可采用方式包括优化小企业创新研究计划、小企业技术转移计划等成功计划，并增加政府风险投资基金的金额。

(4)《先进量子信息科学：国家挑战与机遇》。2016年7月22日，美国国家科技委员会发布《先进量子信息科学：国家挑战与机遇》报告，总结了量子信息科学的应用前景，分析了美国在该领域发展所面临的挑战。

该报告指出，量子信息科学有望促成物理、化学、生物、材料、计算机等科学领域的重大进步，但该领域发展仍面临一系列协同创新挑战。量子信息科学的未来发展需要扩大不同部门之间的合作，超越体制藩篱，鼓励合作研究，将不同领域专业人员聚集在一起，推进量子信息科学的更好发展；单一学科教育不足以支撑量子信息科学发展，要深入理解量子机制，需要多学科领域专业人才的共同参与；随着量子信息科学逐步从实验室环境走向市场应用，有关知识必须从大学和国家实验室转移到私营部门，而美国缺乏将实验室原型样机转化为市场化产品的工作框架。

(5)《关键与新兴技术国家战略》。2020年10月，美国白宫发布《关键与新兴技术国家战略》，从"推进国家安全创新基础建设""维护技术优势"两个方面提出22项具体举措，以维持美国在新兴领域的全球领先地位。其中，在"推进国家安全创新基础建设"方面提出13项举措：培养高质量科技人才；吸引和留住发明家和创新者；利用私人资本和专业知识推进建设和创新；迅速推进发明和创新；减少阻碍创新和产业增长的繁琐规章、政策和程序；领导全球制定反映"民主价值观和利益"的技术规范、标准和治理模式；支持国家安全创新基础，包括学术机构、实验室、基础设施、风险投资、高科技企业；提高联邦政府预算中研发预算的地位；在政府内部开发和采用先进技术，提高政府作为客户对私营部门的吸引力；鼓励公私合作；与志同道合的盟友建立强大且持久的技术伙伴关系；与私营部门合作创造积极信息，以提高公众对关键与新兴技术的接受度；鼓励州和地方政府采取类似行动。

在"维护技术优势"方面提出9条举措：确保竞争对手不使用非法手段获取美国技术；在技术开发早期阶段与盟友一起进行安全设计；平衡国外研究人员贡献与研究工作完整性保护，加强学术机构、实验室和产业的研发安全；确保在出口管制法规以及多边出口管控制度下，充分控制关键与新兴技术；推动盟友建立类似美国外国投资审查的程序；了解私营部门对关键与新兴技术的理解以及未来战略规划；评估全球科技政策、能力和发展趋势，以及它们可能影响或破坏美国战略和计划的方式；确保供应链安全，并鼓励盟友也这样做；向主要利益相关者传达保护技术优势的重要性，并在可能情况下提供实际援助。

该战略还发布一份关键与新兴技术清单，列出了联邦政府部门和机构提出、国家安全委员会确定的 20 个技术领域，包括：先进计算；先进常规武器技术；先进工程材料；先进制造；高级传感；航空发动机技术；农业技术；人工智能；自主系统；生物技术；核生化放风险缓解技术；通信和网络技术；数据科学和存储；区块链技术；能源技术；人机接口；医疗和公共卫生技术；量子信息技术；半导体和微电子；太空技术。同时，科技政策办公室还在国家科技委员会和国家安全委员会共同支持下，组建了由农业部、商务部、国防部、能源部、NASA、国家科学基金会等 18 个部门机构参与的"关键与新兴技术快速行动"小组委员会，定期遴选出对美国国家安全至关重要的先进技术，经过跨部门协调对技术清单进行更新。

白宫分别于 2022 年 2 月和 2024 年 2 月更新一版清单，最新版清单确定 18 个关键与新兴技术领域，包括：先进计算；先进工程材料；先进燃气轮机技术；先进网络感知和特征管理；先进制造；人工智能；生物技术；定向能；人机接口；高超声速；半导体和微电子；太空技术和系统；定位导航授时技术；数据隐私、数据安全和网络安全技术；清洁能源生产和存储；高度自动、自主、无人系统和机器人；集成通信和组网技术；量子信息和赋能技术。

（6）《国家人工智能研发战略计划》。早在 2022 年 2 月，科技政策办公室发布一份信息征询书，要求感兴趣的各方就《国家人工智能研发战略计划》的制定提供意见。随后，收到来自研究人员、科研机构、专业学会、民间社会组织和个人的 60 多份回复。2023 年 5 月，发布新版《国家人工智能研发战略计划》，替代了 2019 年的版本，重申 8 项战略目标：对基础和负责任的人工智能研究进行长期投资，开发人与人工智能协作的有效方法，理解并解决人工智能的伦理、法律和社会影响，确保安全的人工智能和人工智能的安全，开发用于人工智能训练和测试的公共数据集和环境，制定人工智能技术评估标准和基准，更好地了解国家人工智能劳动力需求，扩展公私合作以加速人工智能发展。此外，新增第 9 项"为人工智能研究国际合作建立有原则和可协调的方法"战略目标。该计划旨在确保美国在开发和使用可信赖的人工智能系统方面继续处于领导地位，为当前和未来各领域人工智能系统的整合做好准备，并协调所有联邦机构的人工智能活动。

（7）《美国国家创新路径》。2023 年 4 月，科技政策办公室、能源部、国务院联合发布《美国国家创新路径》，旨在加快推进清洁能源关键技术创新。报告指出,拜登政府正在推进一种三管齐下的方法,优先考虑"创新、示范、部署",扩大美国转型所需技术研究及部署,以使美国不迟于2035年实现电力领域零碳排,2030年实现50%零排放汽车销售目标,以及到2050年实现净零排放经济目标。报告强调与私营部门合作是美国清洁能源创新方法的核心,将贯穿从研发到全面商业化部署的各个阶段。能源部与工业界、国家实验室、大学、非营利组织、州和地方政府以及美国各地的利益相关者合作,推动基础科学研究和早期技术突破,打造商业典范。只有产业界和政府之间保持持续、公开的对话,并就商业规模和成功经验达成统一共识,才能为私营部门创新营造良好的环境。

(8)《关键与新兴技术国家标准战略》。2023年5月,美国白宫发布《关键与新兴技术国家标准战略》,这是美国政府历史上首次围绕技术标准出台战略。该战略承袭《关键与新兴技术国家战略》的精神,将中国作为美维持技术霸权的主要对手,强调保持美国在全球技术标准体系的主导地位,以图在事关国家安全和国际竞争力的重要领域掌控技术发展应用主动权,并遏制我创新发展势头。该战略以提高美国国家竞争力为宗旨,围绕中美科技博弈焦点,提出重点推动关键与新兴技术及其应用领域的标准制定,包括通信与网络、半导体与微电子、人工智能与机器学习、生物技术、定位导航授时服务、数字身份基础设施与分布式账本、清洁能源、量子信息等8项关键与新兴技术,以及关键矿产供应链、网络安全与隐私、碳捕集清除利用封存、自动化和互联基础设施、生物银行、自动化互联电动交通等6个应用领域。

2)国家科技委员会

1993年11月23日,克林顿总统签署行政令建立了国家科技委员会,主要职能是协调联邦政府各部门的科技政策、建立清晰的联邦科技投资目标。委员会主席由总统担任,成员包括副总统、相关部门负责人及其他白宫官员,科技政策办公室负责监管委员会的工作。目前,该委员会下设六个分委会:

(1)政府科技组织分委会:该分委会支持管理和预算办公室、科技政策办公室制定研发预算重点,关注重点包括扩大技术转移、提升联邦数据管理水平、强化重点领域(如传染病、生物安全和食品安全)的跨部门协作、减轻联邦资助研究人员的负担、现代化改造研究基础设施。

(2)环境分委会:协调极地研究、地球观测、环境质量和健康、海洋科学等领域的跨部门工作,关注重点包括提升海洋测绘能力、改善老旧的水利基础设施、整合地球观测系统以纳入海洋和冰川、协调污染物监测能力的开发。

(3)国土和国家安全分委会:协调生化核放射性及爆炸物(CBRNE)防御、关键基础设施安全与弹性、网络安全、自然灾害警备等领域的跨部门工作,关注重点包括提高流行病的预测和预报能力、最小化自然灾害和极端气候的影响、协调网络安全研发工作以保护电网等关键基础设施、开发保护美国边界的传感器和探测技术。

（4）科学分委会：负责协调与食品和农业科学、生物科学、量子信息科学和物理科学相关的跨部门工作，关注重点包括增加美国水产养殖并降低海洋食品贸易赤字、协调核聚变科学研究、更好地理解低剂量辐射生物学并培育基因编辑技术的应用、确保联邦资助的研究成果能被公众/企业和学术界获得、发展量子信息科学。

（5）理工科教育分委会：美国将理工科称为"科学、技术、工程和数学"（STEM），该分委会负责协调理工科教育的跨部门投资，制定理工科教育国家战略规划和发展目标。关注重点包括校企合作、技能型劳动人员规模。其由国家航空航天局局长、国家科学基金会主任和科技政策办公室主任助理帮办担任主席，成员来自国防部、能源部、劳工部、农业部、商务部、卫生与公众服务部等，其下设联邦理工科教育协调子委会。联邦理工科教育协调方法包括：建立利用资产和专业知识的新模式，实施一项策略来引领和协调各部门，跨部门利用能力，以实现理工科教育投资的最大影响力；建立和使用基于实证的方法，开展理工科教育研究和评估，构建有关项目有效性和优秀实践的证据，跨部门推广并与公众分享有关做法。

（6）技术分委会：协调先进制造和材料、自主和无人运输、人工智能、纳米技术、生物技术等领域的跨部门工作。关注重点包括将无人机用于国家空域/天域、协调超声速飞行研发工作、管理联邦人工智能研究、推进美国在纳米技术方面的领导力、更新联邦生物技术产品监管框架。

3）总统科技咨询委员会

美国国家科技决策咨询制度可以追溯到第二次世界大战之前。1933年，罗斯福总统成立科学咨询委员会，1941年又成立国防研究委员会，为总统提供科技咨询。第二次世界大战期间，科学技术显示出巨大威力，对赢得战争发挥了重要作用。也正因如此，科学技术开始引起美国政府重视，战时及战后初期成为科技政策机制形成的关键期，美国国家科技咨询制度及国家创新体系的雏形开始出现。从艾森豪威尔时期开始，总统科技咨询委员会作为联邦政府科技咨询机构历经数次更名和调整，在尼克松时期被撤销，在里根时期职责范围缩小（当时白宫科学委员会向总统科学顾问报告工作，而不直接面向总统），但绝大部分时间总统科技咨询制度保持下来，并对国家重大科技决策、科技创新发展发挥了重要作用。

总统科技咨询委员会作为联邦科技决策咨询的核心,直接向总统提供决策咨询和政策建议。总统科技咨询委员会除遵循《联邦咨询委员会法》外,一般还要由总统签署行政令,对其职责、使命和管理运行等做出规定。克林顿总统曾于1993年11月发布行政令,创建总统科技咨询委员会,于1994年4月对该行政令进行修订,并分别于1997年9月和1999年9月两次延长行政令的实施,保障了联邦科技咨询制度的延续性。2001年,布什总统再发行政令创建新一届总统科技咨询委员会。2010年,奥巴马发布行政令并提名创建了总统科技咨询委员会。2019年10月22日,特朗普总统在就职33个月之后才签署重组总统科技咨询委员会的行政令,规定该委员会由16名来自联邦政府以外的企业界与教育界专家构成,任期2年,重点关注人工智能、先进制造、量子信息科学、5G等新兴技术。2021年9月22日,拜登发布行政令建立总统科技咨询委员会,并任命物理、农业、生化、电机、纳米等领域的30位科技领袖为委员。

2025年1月23日,刚刚宣誓就职3天的美国总统特朗普签署行政令,成立总统科技咨询委员会,旨在汇聚学术界、工业界和政府中最杰出的智慧。该行政令指出,人工智能、量子计算和先进生物技术等颠覆性技术定义了当前科学探索的前沿,这些领域的突破有潜力重塑全球力量格局,催生全新产业,并深刻变革人类的生活与工作方式;在全球竞争对手竞相利用这些技术的背景下,实现并保持毫无争议且不可撼动的全球技术领先地位,已成为美国国家安全的当务之急;必须最大限度地挖掘美国创新体系的潜力与优势,通过赋能企业家、释放私营部门创造力以及重振国内科研机构来达成这一目标。行政令规定,总统科技咨询委员会由不超过24名成员组成,主席由总统科技助理和人工智能与加密特别顾问联合担任,总统科技助理可以指定美国首席技术官加入,其余成员则为总统任命的政府外的代表。该委员会职能包括:一是就科学、技术、教育和创新政策等事务向总统提供建议,并提供与美国经济、工人、国家安全和国土安全等主题相关的科技信息;二是定期召开会议,响应总统或联合主席对信息、分析、评估或建议的需求,广泛征求研究界、私营部门、大学、国家实验室、州和地方政府、基金会以及非营利组织的意见或建议;三是向国家科技委员会提供来自非联邦部门的建议。当委员会联合主席提出请求时,联邦政府部门负责人应在法律允许范围内提供科技相关的信息。委员会成员的工作是没有报酬的,但其差旅费可根据政府有关规定报销。

在工作机制上,总统科技咨询委员会具有以下特点:①高度依赖科技界专家。委员会通常由德高望重的科学家担任主席,成员更是包含了来自各个领域的专家学者。一般来讲,白宫科技政策办公室主任会担任总统科技咨询委员会的联合主席。总统科技咨询委员会成员既包括全职政府雇员，也包括兼职科技顾问，他们来自大学、产业界、风险投资机构、非营利机构等部门。这有助于确保其政策建议的专业性和全面性，以最大程度符合科技发展方向和国家整体利益。该委员会还是私营企业与美国政府中科技决策协调机构国家科技委员会沟通的渠道，保证了联邦政府在制定科技战略和科技政策时充分听取私营企业的意见和建议。②重视采纳社会各界及公众意见。科技决策咨询报告和决策建议通常由专家组来完成，在报告形成过程中，注重吸纳有关各方及社会公众的意见。总统科技咨询委员会定期召开会议，就重点议题及有关政策报告开展深入讨论，这些会议面向公众开放，任何人均可通过在网上提前注册、按照先到先得的原则参加会议，并有机会在会上发表观点和评论。同时，总统科技咨询委员会还接受公众及有关方面提交的书面意见。按照《联邦咨询委员会法》规定，所有公众观点和意见都被视为公开文件。这种做法有助于确保委员会政策建议的客观、中立和公正，兼顾到有关各方利益，以利于实现经济社会效益最大化。③对联邦政府科技决策的影响直接而显著。总统科技咨询委员会直接向总统汇报工作，加上该委员会主席往往兼任总统科技顾问，因此委员会对总统的影响非常直接有效，委员会的建议大多被总统和联邦政府采纳，进而转化为总统决策和政府政策。有时委员会按照总统指示就关系国计民生的重大科技问题提供咨询建议，这种情况下委员会提出的举措针对性和可行性强，对决策的影响作用更加显著。

总统科技咨询委员会为确保美国在全球的科技领导地位提出政策建议和支持重点，强调政府科技投资的原则如下：一是要投资有助于实现明确公共目标的技术，如国家安全、环境保护、新能源、健康和教育以及劳动力培训；二是要投资仅靠市场无法提供足够技术投资的领域，这些领域往往投资成本高、风险大、回报期长；三是确保美国从基础研究投资和领先中获益。总统科技咨询委员会依据有关原则，研究论证事关国家利益的科技领域的重要性，适时提出重点领域国家重大科技计划建议。美国航空航天、全球定位系统（GPS）、互联网、卫星、农业病虫害、乙肝疫苗等领域的突破性进展是早年总统科技咨询委员会政策建议的典型例证。

总统科技咨询委员会对美国科技决策做出了突出贡献。自克林顿执政以来，一直关注信息技术和纳米技术，这在政策上表现为美国政府对信息技术和纳米技术的长期持续支持。奥巴马执政期间，先进制造技术、人工智能、半导体技术、大数据、药物创新、健康信息技术、气候变化等领域得到高度关注；总统科技顾问兼总统科技咨询委员会主席约翰·霍尔德伦任期8年，是美国任期最长的委员会主席。据不完全统计，1995年以来，总统科技咨询委员会向总统提交的报告近百份，其中拜登任期的报告有14份；特朗普首个任期的报告有2份；奥巴马任期的报告达 39 份;小布什执政期间发布 23 份咨询报告;克林顿执政期间,由于历史文献检索的局限,目前可以看到的报告有 21 份,主要是 1995 年以后的。这些科技政策咨询报告涉及的议题非常广泛,对总统及联邦政府的科技决策起到了重要支撑作用。

4)管理和预算办公室

管理和预算办公室(OMB)主任直接向总统汇报工作,负责评估、制定和协调各联邦政府部门以及不同部门之间的管理程序和项目目标,审查各部门提交的预算,向总统提供预算方案及相关立法建议。

管理和预算办公室的职能包括:审查包括国防部在内的政府组织架构和管理程序,协助总统建立一个高效的政府;建立有效的跨部门协调机制,扩大不同部门间的合作;协助总统制定预算,形成政府年度项目;监控预算的行政管理;协助总统理清和协调各部门所提的立法建议,结合以往实践经验提出相关建议;协助总统制定政府法规改革方案、行政令和公告;开发项目绩效信息系统,评估项目目标、绩效和有效性,使总统始终了解各部门项目和跨部门项目的进展情况;协调资源,以最经济的方式使用资金,避免重复工作;为采购政策、法规、程序和模板提供总体指导,提升采购程序的效率和效用。该办公室下设联邦采购政策办公室、信息和法规事务办公室等机构。

2.1.2 国防部层面

2.1.2.1 国防部创新指导组

2021 年 5 月,美国国防部成立创新指导组,由时任研究与工程副部长徐若冰担任组长,负责就科学、技术、技术转化等重大事项向国防部长提供决策建议。创新指导组自成立以来,采取一系列政策举措,包括:①建立国防部创新组织清单和地图,更好地了解各创新组织的目标、使命、预算和采购产品类型,建立数据库集中存储这些组织的需求信息并开展数据分析。②设立快速国防实验储备计划,鼓励原型设计和实验,与参联会合作解决联合能力不足,将全域指控、竞争后勤、远程火力作为重点领域,寻找技术成熟度在 5～7 之间的技术,2021 年收到各军种和作战司令部 203 份提案,从中筛选资助 32 个项目;计划每年开展两次实验,并向工业部门开放。③开发一个更好地将小企业创新研究计划项目转化为采办项目的机制,为处于小企业创新研究计划第二阶段的小企业提供额外资金,帮助完成原型开发。④审查实验室和测试基础设施,识别投资缺口。

2023年8月,美国国防部将创新指导组,由研究与工程副部长领导升格为由常务副部长和参联会副主席共同领导,从更高层面协调解决深入推进创新过程中面临的系统性障碍和体制壁垒,加强技术与采办、需求的统筹协调,推动解决重大战略问题。改革之后,创新指导组首要任务是监督和统筹"复制器"计划的实施。"复制器"计划于2023年8月启动,瞄准中国在印太地区的"舰艇、导弹和兵力规模优势"以及"反介入/区域拒止"能力,明确在18至24个月采购数千套全域可消耗自主系统,包括集成了人工智能与自主技术的无人车、无人机、无人艇、无人潜航器和卫星等系统,借此塑造自主系统大规模供给能力。

2.1.2.2 国防创新小组

国防创新小组成立于2015年,旨在促进国防部与高科技企业之间的合作,加快商业创新技术在军事上的应用,在硅谷、波士顿、奥斯汀、华盛顿、芝加哥设有办事处,重点关注人工智能、自主、网络、人因系统和太空等领域,如图2-4所示。其主要职责是利用其他交易协议、开放商业解决方案、竞赛等灵活的方式,简化初创企业及非传统供应商参与流程,加强国防部与尖端科技企业之间的联系;管理国家安全创新网络计划,在全美各地建立网络节点,通过吸引新人才、发掘新创意、投资新供应商等,加强国家安全创新基础;管理国家安全创新基金,帮助生产军民两用硬件的初创企业解决资金短缺问题。

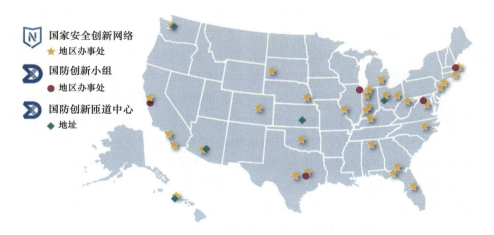

图2-4 美国国防创新小组办事处

自成立以来,该机构在推动国防科技创新和军事能力提升方面发挥了积极作用,历经三个发展阶段:第一阶段打通了国防部与商业部门之间的沟通渠道,奠定双方合作基础;第二阶段利用开放商业解决方案、其他交易等灵活机制,快速推进商业技术原型开发和交付使用；第三阶段在大国竞争背景下，基于此前开发的技术和流程，实现"以规模与速度威慑竞争对手，确保美军在冲突中取得胜利"目标。

2023年4月，美国国防部长劳埃德·奥斯汀签署备忘录，将国防创新小组由研究与工程副部长领导变更为国防部长直接领导，致力于将其打造为商业技术、新型伙伴和人才融入国防创新生态的核心机构。同月，任命苹果公司前副总裁兼美国海军预备役上尉道格·贝克担任国防创新小组主任，负责领导第三阶段变革。2024年2月，国防创新小组发布《国防创新小组3.0：扩大国防创新以产生战略影响》报告，标志该机构发展进入第三阶段。在新阶段，该机构采取的主要创新举措如下：

一是紧贴作战需求推进商业技术转化。国防创新小组将落实"以作战为中心"理念，向作战司令部派遣人员，识别最关键能力差距，明确"需求信号"；在原型系统需求生成、试验评估、研发制造各环节，强化与各军种采购主管、联合参谋部、陆军未来司令部、海军颠覆性能力办公室等机构合作，确保原型开发符合作战需求并可快速大规模投入使用。2024年，国防创新小组与印太司令部共建的联合任务促进办公室正式运行，并开展"风暴突击者""联合火力网"等项目，推进人工智能技术军事应用。

二是联合各类创新机构打造创新"规模引擎"。国防创新小组着力加强与首席数字与人工智能官办公室、陆军应用实验室、空军研究实验室、海军敏捷办公室等各类创新机构的合作，通过信息和实践经验共享、联合政策制定、人才交流、项目合作等方式，打造商业技术军事应用创新"规模引擎"。例如，与首席数字与人工智能官办公室共同制定国防部人工智能政策、框定一系列关键项目。

三是扩大与商业企业和盟友的合作拓宽创新源头。国防创新小组将强化和利用以往积累的经验，与国内外合作伙伴建立共识，激发和赢得利益相关者的信任；2024年1月，启动建设国防创新匝道中心，为特定地区初创企业、学术界、工业界与国防部官员接触提供便利，并承担供需对接、活动协调、创新创业服务三项主要职能，以加速军民两用创新技术开发和转化。3月，联合澳大利亚先进战略能力加速器、英国国防与安全加速器，在"奥库斯"联盟框架下发起首届电磁频谱杀伤链创新挑战赛，指导并筛选多国商业公司技术方案，以提升目标识别、锁定、跟踪、瞄准、交战等关键环节的电子战能力。8月，启动"蓝色制造"计划，摸底排查、评估认证民用领域可承担装备生产任务的先进数字化制造设备设施，增强快速大规模生产新装备的工业能力储备，并搭建与小企业的合作桥梁。

2.1.2.3 研究与工程副部长办公室

2017年,美国国防部启动冷战结束以来最大一次采办管理体制改革,将采办、技术与后勤副部长的职能一分为二,即研究与工程副部长和采办与保障副部长。按照国会"掌握国防部全部科技创新资源"的要求,改革后,国防部与国防科技管理相关的职能全部划归"研究与工程副部长",实现了国防部层面对所有科技活动的统筹。

研究与工程副部长兼任国防部首席技术官,负责推动技术和创新。主要职责包括:一是统筹所有国防科技活动,制定国防科技政策、战略和优先发展事项,分配国防科技资源,统管国防实验室,推动技术开发和转化;二是制定政策并监督包括原型试验和装备研制试验在内的所有试验鉴定活动,建设、管理和分配试验鉴定资源;三是针对重大国防采办项目里程碑决策开展独立技术风险评估,向国防部长提供建议;四是应国防部长、常务副部长或里程碑决策当局(采办与保障副部长或军种采办执行官等)要求,开展其他方面的技术评估。研究与工程副部长办公室组织结构如图2-5所示,内设主要机构包括:

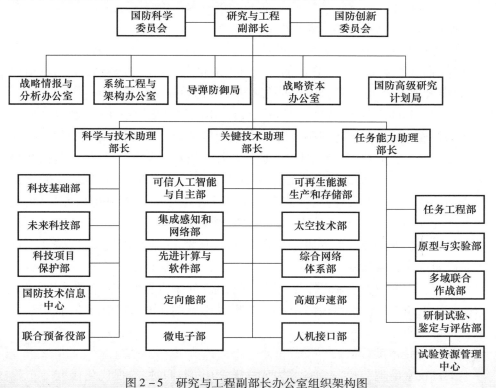

图2-5 研究与工程副部长办公室组织架构图

1）委员会

一是国防科学委员会。成立于1956年,是国防部关于武器装备和技术发展的顶层参谋机构,负责就科学、技术、工程、制造、组织结构、采办流程以及其他重大问题开展研究,完成国防部长、常务副部长、研究与工程副部长交派的任务,提出咨询建议。委员会根据任务需求下设分委会、任务组或工作组。

二是国防创新委员会。成立于2016年3月,由创新方面的商业领袖和专家组成,聚焦应对未来挑战的创新方式,就文化、技术、组织结构、流程等方面的问题开展研究,通过研究与工程副部长向国防部长、常务副部长提供独立的意见和建议,以加快国防部创新步伐。委员会根据任务需求下设分委会、任务组或工作组。

2）科学与技术助理部长

作为研究与工程副部长有关国防部研究与技术投资的首席顾问,负责监管国防部科技投资,包括基础研究、应用研究和先期技术开发;监督国防部所属实验室,确保实验室开发下一代改变游戏规则的技术并提供卓越的科研设施;监督国防部所属联邦资助研发中心和大学附属研究中心,以培养下一代科技人才;领导国防部旨在维持技术优势的工作,提供关键技术保护政策建议,监管国防技术工业基础的健康状况。其下设机构包括:

国防技术信息中心。负责国防部技术信息管理工作,是国防部科学和技术文档库,也是国防部和政府资助的规模最大的科学、技术、工程与商务信息知识库,目前管理着10家信息分析中心为国防部各部门提供服务。

科技基础部。负责支持国防部科学与技术机构开展研发工作,制定并推动落实科技战略愿景和国防部命令,识别战略投资领域,影响国防部范围的科技战略和国防实验室的规划指南。同时,监管科技队伍和实验室基础设施,包括联邦资助研发中心、大学附属研究中心;凭借世界级国防实验室、人才和技术,领导强化美国的技术优势。另外,广泛监督科技项目投资组合,包括基础研究、小企业创新研究计划、小企业技术转移计划和快速创新基金。

科技项目保护部。负责加强对关键项目、技术、工业基础的保护,监督项目保护政策的实施及软硬件可靠性、防篡改和关键技术信息保护举措,以维持美军技术优势。同时,监管国防部支持的国家制造创新机构和"制造技术"(ManTech)计划,牵头国防部可信可靠系统战略、微电子创新国家安全战略,管理联合联邦保证中心等。

3）关键技术助理部长

关键技术助理部长办公室原为成立于2019年11月的现代化研究与工程

局,专注于推动定向能、高超声速、集成传感和网络、可信人工智能与自主、综合网络体系、微电子、太空、可再生能源生产和存储、先进计算与软件、人机接口等10个战略关键技术领域的发展。具体职能包括:协调关键技术领域的发展,确定领域发展路线图和技术方向,评估和加强领域有关的工业基础和人才队伍,推动技术向作战转化并形成跨越式能力。

4)任务能力助理部长

任务能力助理部长的工作侧重于任务工程、任务整合、联合作战、原型设计、实验和快速转化,以加快新技术的开发和集成。重点围绕联合作战概念设计原型,识别、培育和转化技术,缩短联合作战时间延迟;减少重大装备技术风险;获取作战人员反馈,更好地支撑需求编制;确保转化至采办阶段的系统能够及时、经济地提供能力。下设机构包括:

(1)任务工程部。负责开发并支持未来作战概念和集成框架;与利益攸关方进行持续交接,支持面向联合部队、联合作战人员和作战司令部的能力开发和交付;推动先进概念和技术的转化,以快速向联合部队提供压倒性作战能力;管理快速国防实验储备计划(PDER),扩展跨军种实验,引入可为多个军种所用的突破性新系统和方法;组织季度创新外联和月度创新发现验证活动,加强与小企业、初创企业等非传统国防创新实体的合作;管理外国比较测试(FCT)计划,测试、评估和获取盟友的先进技术;提供分析性工程保障,为联合需求和作战规划的编制提供基于任务的输入;建立联合能力集成与开发系统合作流程,为联合能力委员会和联合需求监督委员会提供技术咨询,参与联合参谋部年度全球集成兵棋推演;开展任务集成研究,组织工业外联活动,编制《任务工程指南》并指导指南的落地实施。

(2)研制试验、鉴定与评估部。负责提供独立的系统工程和试验鉴定专业知识,确保国防部及时交付可靠的未来军事能力;支持采办项目采用创新性、有效的试验鉴定与评估策略,确保生产就绪度和可部署系统满足作战需求;通过职业教育、培训和认证,提升国防采办试验鉴定队伍的专业能力;制定试验鉴定政策和指南,推进试验鉴定信息共享;开展针对重大采办项目的独立技术风险评估和里程碑节点评估。

(3)试验资源管理中心。成立于2003年,主要负责制定国防部试验鉴定资源战略规划,统筹各军种和国防业务局试验鉴定预算;研究和评估国防部主要靶场和试验设施的可用性,并对试验鉴定资源进行统一的规划与管理,以避免重复建设,确保科学使用试验经费。

5）国防高级研究计划局

国防高级研究计划局是美国国防部专门从事颠覆性技术创新的机构,以"阻止技术突袭,施以技术突袭"为宗旨,曾孕育精确制导武器、隐身技术、无人机、互联网、自动语音识别、砷化镓等众多改变游戏规则的技术,强化了美国在世界科技领域的主导优势。自身没有科研设施,广泛调动企业、大学、国防实验室等力量,开展基础研究、技术开发、样机设计和演示验证;年度预算超过40亿美元,聘请约100名一流科学家担任项目经理,管理着约250个项目,近年来重点投资领域包括人工智能、微电子、生物、高超声速、量子信息科学、5G、太空、网络安全。

6）其他

（1）战略情报与分析室。原为成立于2015年的净技术评估办公室,负责识别当前和预期能力短板,评估旨在应对发展中威胁的未来概念和系统;将技术和作战评估与情报和威胁分析相结合,支持国防部技术投资和采办决策,以赢得与高端对手的技术竞争;采用跨领域技术预测和净技术评估方法来表征未来技术图景。

（2）导弹防御局。负责开发、测试、采购和部署弹道导弹防御系统,签订并管理相关采办合同。该局利用美军、盟国和友好国家力量来抵抗处于所有飞行阶段、所有射程的敌方弹道导弹。近年来开展的项目包括高超声速和弹道导弹跟踪太空传感器、陆基中段防御系统、海基X波段雷达延寿、远程识别雷达、"宙斯盾"导弹防御系统升级、末段高空区域防御系统等。

（3）战略资本办公室。成立于2022年12月,旨在促进国防部与商业资本合作,加速与国家安全有关的关键技术开发,打造持久技术优势。主要职责包括:一是识别工业界、学术界中有军事应用前景的关键技术;二是为国防部需要但未得到足够商业资本支持的关键技术领域提供资金;三是通过政府贷款、贷款担保等手段引导并鼓励商业资本投资军民两用关键技术初创企业;四是推动政策制定、实施与行动,保护商业产业和技术能力。

2.1.2.4　21世纪国防科技协同工作机制

美国国防部2014年1月发布的《21世纪国防科技协同工作顶层框架》,对国防部科技业务实施协同管理,确保国防部各部局对科技发展优先顺序、需求和机遇等具有一致的理解和认识,促进各部局沟通交流、探索合作并寻找新的技术发展契机。该体系架构由研究与工程执行委员会（R&E ExCom）、科技执行委员会（S&T ExCom）,科学、技术、工程与数学委员会（STEM Board）,国防基础研究顾问组（DBRAG）、实验室质量提高小组（LQEP）以及17个技术委员会（Communities of Interest,CoI）组成,如图2－6所示。其中,科技执行委员会及其领导下的17个跨部门技术委员会是该机制的核心,主要负责协助研究与工程副部长对关键科技资源进行管理,深化科技团体对军事能力差距和国防需求的理解,协调科研力量有效持续地加强对作战人员的支持。

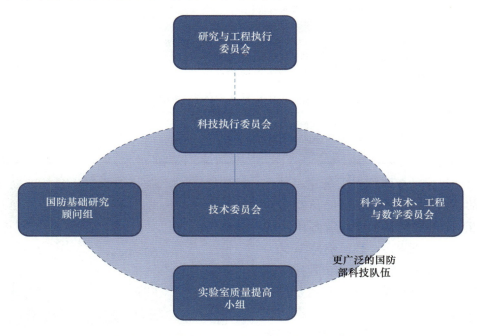

图2－6　美国21世纪国防科技协同工作体系架构

1）研究与工程执行委员会

研究与工程副部长可以根据需要召集一个研究与工程执行委员会,以协调和解决超出科技领域范畴的研究、开发、试验和评估议题。该委员会成员包括国防部高层领导和各军种采办执行官,如陆军负责采办/后勤和技术的助理部长、海军负责研发和采办的助理部长、空军负责采办的助理部长、国防高级研究计划局局长,他们会临时召开会议,探讨特定的专题。

2）科技执行委员会

21世纪国防科技协同工作机制由科技执行委员会领导,主席是研究与工程副部长,成员来自国防部主要的科技部门,如表2－6所列。该委员会负责确定资源分配重点,并对国防部全体科技人员、实验室和设施提供战略层面的监督和指导,如图2－7所示。

表2-6 科技执行委员会成员构成

所属部门	委员会成员
国防部长办公室	• 研究与工程副部长(担任主席) • 科学与技术助理部长 • 任务能力助理部长 • 部队健康防护与战备助理部长 • 工业基础政策助理部长 • 生化防御助理部长
各军种部	• 空军负责科技与工程的助理部长帮办 • 陆军负责研究与技术的助理部长帮办 • 海军首席研究官 • 联合参谋部军力结构、资源与评估局(J8)负责资源与采办的副局长
直属业务局	• 国防高级研究计划局副局长 • 导弹防御局先进技术项目主管 • 国防威胁降低局负责研发的助理局长

该委员会同作战人员建立紧密的联系,并与联合参谋部保持密切互动,这使他们能够理解各军种的需求和开发机会,进而奠定委员会工作的基础。国防部科技领导者通过科技执行委员会塑造和监督科技部门,科技执行委员会负责建立技术委员会,并给他们安排任务,使他们开展评估并建立应对新兴挑战的

图2-7 科技执行委员会的职责

策略。该委员会确保交付的成果符合国防部科技重点,推荐新研究重点或调整活动以响应不断变化的国防需求和战略。

科技执行委员会每月召开一次会议,科技副手理事会作为科技执行委员会的主要运行分支,为每次会议提供支持。科技副手理事会由科技执行委员会各部门长官的副手或其他指定官员组成,主席为科学与技术助理部长的首席副手,负责识别出潜在的政策变化议题,为科技执行委员会的讨论推荐战略性议题。他们确保在需要的时候提供人员和信息,并将信息和行动传播到所在部门。副手理事会有责任审查和优化所有科技相关的数据请求。科技副手理事会每周召开例会,提出最大化"21世纪国防科技协同"价值和效率的战略和战术议题。科学与技术助理部长的首席副手还担任科技执行委员会的行政秘书,另外还有一些来自各军种部、服务期限为2年的副行政秘书,副手理事会的活动和会议由一

些副行政秘书提供支持。

为支持科技执行委员会的运行,研究与工程副部长在总统预算申请发布之后签署一项数据请求命令,要求各部门按照特定的技术领域和子领域,提交预算申请中提出的计划和项目信息,以作为下一年技术委员会投资组合审查和路线图优化工作的支撑。这将是"21世纪国防科技协同"机制相关的唯一项目请求,在例行工作中还可能依据各种需求,要求各部门提交技术数据,但这只是小范围的。此外,统一的研究与工程数据库在每财年结束时会自动更新,以提供真实的合同层面数据,相关工具允许对国防部所有科技投资进行分析。

科技战略综合审查是为期两天的一项年度活动,在活动期间科技执行委员会分享有关项目和发展重点的信息,讨论国防部科技预算申请和未来几年投资。科技战略综合审查是国防部确保科技活动与整个部门方向和重点相一致的过程的核心部分。该活动凝聚了高层科技领导者的认知,通过联合规划提升国防科技投资的效率和效用。

科技执行委员会通过科技战略综合审查的讨论,识别关键能力不足和有待进一步评估的交叉学科机会,这可能影响各部门项目规划和投资。该项活动在联合参谋部未来需求制定专家的紧密协作下开展,包括一项对参联会主席"军事能力不足和风险评估"结果的审查。这是国防部层面的高级别会议,参会代表来自广泛的国防部科技组织,并邀请其他政府部门人员参加。参会者将听取有关国防部重点和计划的第一手资料,并从中获益。科技战略综合审查会议在每年第二季度举行,与总统下一财年预算审批同步,这使各部门能够分享所规划项目的详细信息。科技重点的协作和审查还为各部门开发下一年度科技项目目标备忘录提供信息。在规划后期,随着项目目标备忘录决策决议的制定,各部门科技执行官将向研究与工程副部长简要汇报项目和战略上的重大调整,不同部门之间也相互通报这种调整。

科技战略综合审查的流程是:①联合参谋部阐述风险与需求,由联合参谋部简述参联会主席风险评估结果,然后科技部门做出响应并识别相关机遇;②各部门战略介绍,各部门科技执行官简述部门最新重点和计划,演示部门的项目如何落实国防部重点;③执行官讨论,科技执行委员会举行讨论,考虑会议期间提出的关键议题,深入讨论和论证交叉科技重点,并形成战略指南。

3)技术委员会及分委会

技术委员会(COI)是2009年建立的一种机制,在2009年3月发布的《21世纪国防科技协同执行计划》中首先提出,目的是鼓励在多部门投资的技术领域开展跨部门协调和协作。但当时技术委员会仅是一种非正式的协作机制,在组建和管理上较为随意,较少受到官方机构的影响,因此又称为"兴趣小组"。2014年1月发布的《21世纪国防科技协同工作顶层框架》正式提出在科技执行委员会领导下设立17个跨部门技术组织,并制定了规范的组织和管理方式,使之作为一项持久的组织架构而存在。因此,本书将"兴趣小组"自2014年之后改称为技术委员会,以体现出其规范运行的特点。

这17个技术委员会负责整合国防部各科技部门的技术工作,具体职责包括:协调所负责领域各部门的科技战略;分享新创意、技术方向和技术机遇;联合规划所负责领域的技术项目,并评测技术进展;报告所负责技术领域的总体健康状态。每个技术委员会在其职责范围内建立若干技术分组,虽然技术委员会关注的科技领域涵盖了国防部投资的绝大部分科技,但一些军种专属的科技并未纳入技术委员会职责之内。

技术委员会的组织结构如图2-8所示,主要包括一名主席、一个指导小组和若干技术分委会。技术委员会的技术领域每年都不会有太大变化,但科技执行委员会及科技副手理事会将定期审查技术委员会,可能组建新的小组或撤掉现有小组,以响应国防战略或投资决策的重大改变。每个技术委员会都需要建立一个经科技执行委员会认可的章程,明确技术委员会负责人和指导小组职责,以及他们有关投入时间和资源的承诺。

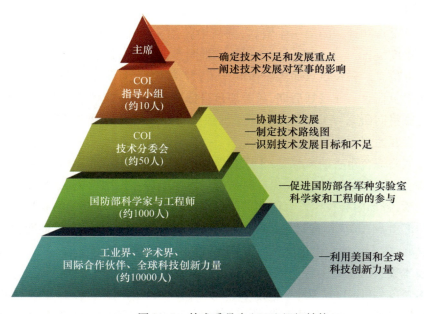

图2-8 技术委员会(COI)组织结构

(1) 技术委员会主席。技术委员会主席从指导小组中选出,经科技执行委员会认可后担任,其对技术政策和预算的决策拥有极大影响力,代表科技执行委员会领导技术委员会的工作,要求必须付出时间和精力。他们有权力向科技执行委员会提出优先项建议,但预算和项目调整的最终决策权在科技执行委员会。该职位的任命每两年调整一次,确保工作压力不会集中在一个人身上,同时平衡有关技术发展的不同观点。

(2) 技术委员会指导小组。每个技术委员会都有一个高级别的指导小组,由从事共同技术领域研究的高级技术领导者组成,可能来自各军种部、联合参谋部、国防业务局、国防部长办公室或采办部门,职级上应是政府高级行政官(SES)、高级技术官(ST)、高级科学家(或同等职级)以及武装部队负责人。他们拥有来自本部门科技执行官的清晰目标和委托命令,在编制科技预算、规划科技投资和安排科技项目方面代表他们所在的部门,并对所在部门项目的决策和资金的分配具有重大影响力。指导小组负责为职责范围内的科技活动开发战略路线图,提出具体、可衡量的目标。指导小组成员应清晰说明他们部门的科技项目如何响应作战司令部的能力需求和技术委员会确定的科技需求,并对支持能力不足的任何资助提供解释。

(3) 技术分委会。技术分委会是技术委员会下设的若干技术分组,由指导小组确定合适的技术分组框架,以支持技术委员会的活动和目标。这些技术分组由来自各部门的主题专家组成,他们通常拥有数十年的国防科技研究经验,是国防部制造技术突袭和交付作战能力的重要资产。指导小组还要识别合适的主题专家,后者应拥有必要的专业广度和深度,以参与技术分委会工作并协调各分领域活动。这些专家应促进技术委员会内部和不同科技部门之间的协作及信息共享,并根据具体技术领域或特定活动需求推荐其他专家。

(4) 技术路线图。技术委员会的主要输出是战略计划和路线图,它们体现出未来十年技术发展目标和对作战任务的影响。技术路线图提出共性科技需求,展现出哪些领域需要引起重视,或者哪些不足或未来机遇需要重视。这些信息被用于指导长期预算决策,影响到各部门近期项目重点。技术委员会与各军种项目执行官和作战人员保持密切合作,包括支持联合参谋部发现针对作战需求的潜在解决方案。技术委员会还有望协调各自技术领域的国际科技合作,同时考虑部门战略目标。技术委员会成员需要出差,包括参加小组会议、参观实验场所并以个人名义参加会议。但是,如果可以利用视频通信等替代方式,小组成员应首先考虑非出差方案。

(5) 科技投资组合审查。每年每个技术委员会都要对所负责的技术领域开展投资组合审查,审查内容如图2-9所示。通过审查,每个技术委员会识别出关键技术不足、问题和机遇,阐述它们如何影响作战部队和更广泛的国防需求,同时向国防部科技领导者提出行动建议。投资组合审查会议是该项活动的重点,旨在向科技领导者通报技术项目的风险和机遇,为项目目标备忘录的编制及贯穿全年的其他决策提供信息输入。每个技术委员会都应通过简报等方式确保审查信息的广泛可得性,以使广大科技部门做出相应工作安排、了解审查提出的建议并积极参与科技执行委员会的战略讨论。

图2-9 技术委员会科技投资组合审查内容

各技术委员会每年都进行本技术领域的投资组合审查,调整技术关注重点,修订技术发展路线图。同时,积极参与并组织技术交流会议,与工业界、学术界、国际合作伙伴等建立广泛联系。2016年,负责太空、网络安全、传感器、空中平台的四个技术委员会先后组织技术交流会议,如8月1日至5日举办的"传感器技术委员会独立研发技术交流会"上,来自空军研究实验室、海军研究署、陆军通信研发与工程中心、特种作战司令部、中央司令部等40多位专家和10家企业的科技人员参会,详细探讨了26个企业内部研发项目,这些项目总投入超过2.61亿美元。通过技术交流会,企业及时获悉了本领域新的军事需求,得到的信息有助于提高它们内部研发项目的质量;各军事部门专家了解企业技术研发进展,深入开展技术层面讨论,推动签署进一步合作研发协议。根据美国国防创新市场网站最新公告,空军研究实验室将以太空技术委员会的名义,于2025年3月24日至28日举办独立研发技术交流会议,此次会议以线上方式举行,面向美国从事太空技术研发的大型和小型企业、学术界、国家实验室和联邦资助研发中心。

4)国防基础研究顾问组

国防基础研究顾问组负责协调国防部基础研究计划,辅助理清相关议题和政策。小组成员包括国防部研究与工程副部长办公室、各军种部等部门的基础研究高级领导者。

5)实验室质量提高小组

实验室质量提高小组成员包括国防实验室主任和各军种部科技执行官代表,他们每季度都召开会议,探讨国防实验室当前计划需求,对实验室进行顶层指导。其关注重点包括:支持国防部科技再造实验室(STRLs)人才项目,以及同负责人事与战备的副部长合作的人才相关政策;识别和确定各实验室核心技术能力(CTC);强化与国防部科学、技术、工程与数学项目和基础科学项目的联系;通过技术转让项目与工业界和学术界保持联系;同负责设施与环境的副部长帮办合作,制定并实施国防实验室基础设施建设和保障、复兴和现代化战略计划。

6)科学、技术、工程与数学委员会

该委员会的成员与科技执行委员会有所重合,但还包括来自国防部更广泛部门的人员,负责评估国防部科学、技术、工程与数学投资计划的充分性,培育高水平科学、技术、工程与数学候选项目,雇佣并留住一支稳定高效的科学、技术、工程与数学人才队伍。该委员会还代表国防部支持国家科学、技术、工程与数学计划,尤其强调对国防部需求、国防工业基础需求和影响国家安全态势的更广泛国家竞争力需求的支持。

2.2 欧洲国防科技宏观统筹机制

为了加速区域国防工业融合,欧洲国家开始注重国防科技协同创新,以提升武器装备研制效率,增强武器产品在国际市场的竞争力。欧洲国家从确定研发目标到资金投入和成果共享,都十分注重协同发展。当前,欧洲持续加强对国防科技发展的统筹,从出台战略规划、谋划关键技术、加强数字监管等方面入手,推进欧洲国防科技协同创新。

2.2.1 欧盟层面

2.2.1.1 欧盟科研框架计划

"欧盟科研框架计划"始于1984年,是欧盟层面最大的研究与创新资助计划。该计划主要资助民用和两用前沿技术,整合欧盟各国科研资源,提高科研效率,促进科技创新,推动经济增长和增加就业。目前第八个科研框架计划"地平线2020"已经完成,第九个科研框架计划"地平线欧洲"于2021年启动。

1)"地平线2020"计划

"地平线2020"计划于2014年1月31日正式启动,投资周期为7年,预算总额为770亿欧元。"地平线2020"的宗旨是在新技术从实验室到市场的转化过程中,聚合公众平台和私营企业,帮助科研人员实现科研设想,获得科研新发现、新突破,确保欧洲稳居世界科学前沿。

(1)"地平线2020"计划聚焦3个战略优先领域及所属行动计划,并单列4个无法分类的资助计划,具体内容如表2-7所列。值得注意的是,前两个战略优先领域涉及国防科研内容,包括实现对欧洲国防科研活动的一体化管理,加强国防科研基础建设投资,提升国防科研领域的创新能力,强化中小企业的国防科研创新主体地位,鼓励私营资本特别是风投资本进入国防科研领域,以及提高国防科研成果的转化效率等。

表2-7 "地平线2020"预算分配

三大战略优先领域	预算金额/亿欧元	预算占比/%	行动计划	预算金额/亿欧元	预算占比/%
基础科学	244.41	31.73	欧洲研究理事会(ERC):最优秀科研人员领衔的前沿研究	130.95	17
			未来和新兴技术(FET):开创性的创新领域	26.96	3.5
			玛丽·斯克沃多夫斯卡-居里行动(MSCA):科研培训和职业生涯发展计划	61.62	8
			欧洲基础研究设施:建造世界一流的基础设施	24.88	3.23
工业技术	170.16	22.09	保持使能技术和工业技术领军地位(LEIT):信息通信技术、纳米技术、材料技术、生物技术、制造技术、太空技术	135.57	17.6
			撬动风险投资:激励研发和创新领域的私人投资和风险投资	28.42	3.69
			中小企业创新计划:促进各类中小企业各种形式的创新	6.16	0.8

续表

三大战略优先领域	预算金额/亿欧元	预算占比/%	行动计划	预算金额/亿欧元	预算占比/%
社会挑战	296.79	38.53	卫生、人口变化和福利	74.72	9.7
			粮食安全,可持续农业、林业和渔业,海洋与内陆水研究,生物经济	38.51	5
			安全、清洁、高效的能源	59.31	7.7
			智能、绿色和综合的交通	63.39	8.23
			应对气候变化行动、环境、资源效率和原材料	30.81	4
			在不断变化的世界中创建包容性、创新性和反省性的社会	13.09	1.7
			社会安全:保障欧洲及其公民的自由与安全	16.95	2.2
四项单列资助计划			资助内容	预算金额/亿欧元	预算占比/%
参与扩大化、人才广泛化			采取措施提升人才的广泛性和参与的扩大程度	8.16	1.06
科学与社会			建立科学与社会之间的有效合作,招募新的人才,培养科研人才的社会意识和责任感	4.62	0.6
欧洲创新与技术研究所(EIT)			支持知识和创新群体,促进产学研合作	27.11	3.52
联合研究中心(JRC)			支持非核能领域研究	19.03	2.47

(2)"地平线2020"计划特点。一是加大资助力度。"地平线2020"计划共投入近770亿欧元,比第七个研发框架计划的532亿欧元增加近50%。到2020年,欧盟研发与创新投入占欧盟财政预算的8.6%。二是加大对欧盟层面不同资助计划的整合。"地平线2020"计划统一了以前各自独立的欧盟研发框架计划(FP)、欧盟竞争与创新计划(CIP)、欧洲创新与技术研究院(EIT)三个研发计划,并将欧盟结构基金中用于创新的部分也纳进来,避免条块分割和重复资助。核能专项预算仍然保持独立,但资助管理模式与"地平线2020"计划保持一致。三是简化项目申请、管理等流程。欧盟资助计划繁多、程序复杂,"地平线2020"将简化管理流程,对不同的计划和项目进行标准化、规范化管理(结合不同计划

项目特点允许存在合理差异);提供"一站式"服务,无论申请什么项目,都是在同一个窗口、同一个网站,采用类似流程。四是探索新的支持机制。"地平线2020"将资助从基础研究到市场化产品的整个"创新链"所有环节的创新机构和活动,并根据研发活动的不同性质灵活采取拨款、贷款、政府资金入股和商业化前采购等多种支持形式。

2)"地平线欧洲"计划

2018年6月7日,欧盟委员会发布"地平线欧洲"计划,将接替"地平线2020",成为欧盟在2021—2027年预算期的新一轮研发与创新框架计划。2020年底,确定955亿欧元的资助总额。2021年6月23日,欧盟宣布"地平线欧洲"计划正式启动。该计划的目标是帮助欧盟站在全球研究与创新的前沿,发现和掌握新的、更多的知识和技术,强化卓越科学,促进经济增长、贸易和投资,积极应对重大社会和环境挑战。

(1)"地平线欧洲"计划的结构。

① 开放科学研究。预算为250亿欧元,包括:欧洲研究理事会(ERC)预算160亿欧元,支持前沿研究和科研人员兴趣驱动的研究,较"地平线2020"增加29亿欧元,在整个计划预算中的占比保持在17%左右;用于支持博士、博士后计划和人才流动的玛丽居里行动计划预算66亿欧元,在整个计划中的占比从8%降到7%;研究基础设施预算24亿欧元。

② 全球挑战与产业竞争力。预算为535亿欧元,通过自上而下的合作性研究与创新活动解决全球性挑战,增强技术与产业竞争力,重点投资6个主题集群:卫生健康集群预算82亿欧元,文化、创意、包容性社会集群预算23亿欧元,社会安全集群预算16亿欧元,数字、产业与空间集群预算153亿欧元,气候、能源与交通集群预算151亿欧元,食品、生物经济、自然资源、农业和环境集群预算90亿欧元。以上集群将跨越学科、部门和政策之间的传统界限,促进形成更多合作,并增强对欧盟和全球政策优先领域的关注。该部分还包括欧盟委员会的科学和知识服务机构联合研究中心(JRC)的非核能直管项目,预算为20亿欧元,为欧盟及相关国家决策者提供独立的科学证据和技术支持。

③ 开放创新活动。预算为136亿欧元,重点支持面向市场的创新和成果转化。其中,欧盟创新理事会预算101亿欧元,帮助欧盟成为创新领跑者。欧盟创新理事会将建立一站式途径,将高潜力、突破性技术从实验室推向市场,并帮助最具创新性的企业推进和实现想法。欧盟创新理事会将通过两个资助计划以自下而上的方式支持高风险、突破性创新:一是先进研究"探路者"计划,提供从概念验证、技术验证到早期商业化阶段的支持;二是"加速器"计划,支持产品开发

和市场部署,包括示范、用户测试、商业化前生产、大规模生产等。欧洲创新生态体系(EIE)预算5.27亿欧元,作为欧盟创新理事会和欧洲创新与技术研究院(EIT)工作的补充,培育更具活力的欧洲创新生态。欧洲创新与技术研究院预算29.65亿欧元,以加强和发展欧盟整体创新能力。

④ 加强欧洲研究。预算为68亿欧元,包括"广泛参与研发框架计划之加强欧洲研究区建设"计划34亿欧元,"广泛参与研发框架计划之促进优秀科研成果推广"计划30亿欧元,"改革提升欧洲科技创新体系"计划4亿欧元,及对其他相关活动的支持,如预见研究、计划监测和评估、成果传播和利用等。

(2)"地平线欧洲"计划特点。

一是进一步促进开放科学。"开放科学"原则将成为"地平线欧洲"的工作方式,将突破"地平线2020"的开放获取政策,并提出明确的出版物、研究数据管理计划。二是整合简化合作伙伴计划。"地平线欧洲"将减少欧盟与合作伙伴(如产业界、公民社会和基金会)共同资助计划的数量,以提高计划效力及其对欧洲重点政策的影响力。三是加强与欧盟其他计划的协同。主要协同的计划包括:欧盟凝聚政策的"欧洲结构与投资基金";欧洲防务基金中的国防研究,通过资助合作性项目弥合技术差距,以应对新兴和未来安全威胁;国际聚变能项目(61亿欧元);数字欧洲计划(92亿欧元),投资高性能计算和数据、人工智能、网络安全和先进数字技能;连接欧洲设施的数字化服务计算(30亿欧元)。四是调整欧盟成员国之外的第三国参与规则。拟议的第三国参与规则将向世界各地的创新者开放,此前只有部分地理位置靠近的国家才可参与。英国脱欧后将成为第三国,这也意味着英国可以在支付费用的基础上参与计划。

2.2.1.2 欧盟结构基金

1)基金组成

欧盟为深化和扩大一体化、缩小内部区域经济发展的不平衡,专门设立了欧洲结构和投资基金(简称"结构基金")。作为凝聚力政策改革的关键要素,欧盟结构基金的主要任务是支持落后地区或产业衰退地区的经济发展和产业结构转型。

结构基金包括欧洲社会基金(ESF)、欧洲地区发展基金(ERDF)、凝聚基金(CF)、欧洲农村发展农业基金(EAFRD)以及欧洲海事和渔业基金(EMFF),重点关注研究与创新、数字技术、低碳经济、自然资源可持续管理、小企业五个领域。这些基金的原则是共同筹资和共享管理,欧盟财政支持始终与国家公共或私人融资同步。根据社会经济因素,共同筹资额度可能在干预措施总成本的50%至85%之间变化。

欧盟凝聚政策旨在降低欧洲不同地区之间的经济和社会差异,支持就业机会、竞争力、经济增长、生活质量提高和可持续发展,凝聚力政策框架每7年更新一次。凝聚力政策2014—2020年设置了11个投资领域:①加强研究、技术开发和创新;②加强高质量信息通信技术的获取和使用;③提升中小企业竞争力;④支持向低碳经济转型;⑤促进适应气候变化并防范和管控风险;⑥维护和保护环境、提高资源效率;⑦促进可持续交通并改善网络基础设施;⑧促进可持续优质就业、支持劳动力流动;⑨促进社会包容、消除贫困和任何歧视;⑩投资教育、培训和终身学习;⑪提高公共行政效率。欧洲地区发展基金支持所有11个领域,主要投资①~④;欧洲社会基金主要投资⑧~⑪,辅助投资①~④;凝聚力基金主要投资④~⑦和⑪。2014—2020年,结构基金共投资7310亿欧元,其中5350亿欧元由欧盟资助,促进了持久的社会经济融合、领土凝聚力以及平稳的绿色和数字转型。

2021—2027年欧盟凝聚力政策制定了更简短、更现代化的目标,包含5个领域:①更具竞争力、更智慧的欧洲;②更加绿色、低碳地向净零碳经济过渡;③通过增强流动性打造更加互联的欧洲;④更加社会化和包容的欧洲;⑤促进各领域可持续综合发展,并更加贴近公民。欧洲地区发展基金支持所有,领域的投资,主要投资①和②;欧洲社会基金主要投资④;凝聚力基金主要投资②和③。

2)基金管理

尽管结构基金行动指南由欧盟制定,但在落地实施时由各成员国相关政府或地区机构管理。这些机构准备操作计划(OP),并选择和监控项目。结构基金的分散管理意味着可以通过成员国和地区获得结构基金,不需要向欧盟申请。操作计划是一个多年期计划,经政府或地区同意,并与欧盟委员会协商形成。这些计划针对特定政策领域或地区制定筹资优先顺序,并确定不同筹资工具所提供的资金数额。操作计划包括专题操作计划和区域操作计划,通过公共部门和私营部门的广泛组织予以实施。这些组织包括政府、区域和地方机构,教育培训机构、非政府组织、志愿者部门、商会,以及公会、行业协会等社会合作伙伴。

管理当局(MA)是操作计划全面负责部门,在政府、地区或地方层面组建,可以是公共机构或私人主体,负责高效地落实资金,这意味着他们执行与计划管理和监控、财务管理和控制以及项目选择相关的职能。他们获得一个或多个中介机构的支持,是欧盟委员会认证和审计当局的联络点,同时也是项目持有者或潜在受益人的联络点。申请欧洲结构基金的投资通常以响应管理当局号召的方式提出。然而,欧洲范围号召传播程度各不相同,有时还需要在持续计划框架内提出投资需求。

2.2.1.3 欧洲防务基金

2017年6月,欧盟委员会宣布设立欧洲防务基金,资助欧盟成员国联合开展装备技术研发及采购。这是欧盟预算首次用于支持欧洲防务工业合作,有望成为推动欧洲安全与防务一体化的重要引擎。

1) 基金介绍

欧洲防务基金出台的背景是欧盟认识到,迫切需要有必要扩大成员国之间在防务经费使用方面的合作。由于欧盟成员国之间在防务和安全领域缺乏合作,造成每年约250~1000亿欧元重复投资,80%的装备采购和超过90%的防务技术研究及防务产品研发在成员国国内进行,如果欧盟成员国联合研发和采购武器装备,则可节省多达30%的防务经费。

欧洲防务基金能够推动欧盟成员国在防务项目和国防工业领域的规范化深度合作,有效降低国防开支削减带来的军事优势丧失风险,避免重复建设和资金低效率配置,提升欧洲战略防务能力和自主化水平,为建立更加稳固的欧洲安全与防务联盟提供强有力支撑。

欧洲防务基金包括"科研基金"和"能力基金"。科研基金投向至少三个成员国参与的基础性研究项目,涉及成员国共同确定的电子、超材料、信息安全和机器人等优先领域项目。能力基金投向至少两个成员国不少于三家公司参与的处于技术研发和产品研制阶段的装备项目,支持高端产品和技术的联合开发及先进商用技术转军用项目。能力基金的部分资金用于支持中小企业参与跨国项目,帮助这些企业融入欧洲防务供应链。

2018年6月,欧盟委员会提出关于欧洲防务基金的提案,作为即将到来的2021—2027年多年期财务框架一部分。提案拟议基金额度为130亿欧元,包括41亿欧元科研基金和89亿欧元能力基金。随后由于新冠疫情,欧盟委员会修订了金额,最终确定79.53亿欧元,作为2020年5月提出的新欧盟预算的一部分。

2021年6月,欧洲防务基金正式启动(表2-8)。2022年7月,欧洲防务基金确定首批项目,向61个合作研发项目投入约12亿欧元,支持下一代战机、坦克、舰船等武器装备的发展,以及人工智能、半导体、太空、网络等关键技术的研发。2023年6月,欧盟委员会批准8.42亿欧元第二批资助计划,用于资助41个防务项目,涵盖下一代战斗机、坦克、舰艇及海军、地面、空战、天基预警和网络系统等。2024年5月,欧盟委员会公布第三批项目征集结果,向54个联合国防研发项目投入10.31亿欧元,其中2.65亿欧元用于30个研究项目,

7.66亿元用于24个能力开发项目。这些项目涉及网络防御、天基资产保护、核生化防御以及地面、空中和海上战斗等关键领域,将推动欧盟未来主战坦克、太空态势感知等重点国防能力的发展。此次资助的项目共涉及26个欧盟成员国和挪威的581个实体,每个项目平均由来自8个国家的17个实体组成的联盟参与;中小企业占比超过42%,将获得超过18%的资金。

表2-8 欧洲防务基金整体情况

基金	经费来源	组织管理	实施方案	最新进展
科研基金	欧盟预算	委托欧防局组织和管理	2017—2019年实施预备行动计划,投入9000万欧元,开展重点项目试点;2021年实施欧盟防务研究计划,年投入5亿欧元	预备行动计划共计投资9000万欧元,支持18个项目。从2021年起,计划投资27亿欧元用于资助欧盟防务研究
能力基金	欧盟和参与项目的成员国共同出资,欧盟预算占比20%	由参与方指派专人管理	2019—2020年实施初步欧洲防务工业发展计划,投入5亿欧元;2021年开始年投入10亿欧元,撬动参与成员国4倍于基金资助额度的投资,实现年总投资超过50亿欧元	欧洲防务工业发展计划共计投资5亿欧元,2019年投资16个项目,2020年投资26个项目。从2021年起,每年投资53亿欧元支持防务工业发展

面向中小型企业,欧洲防务基金于2022年5月支持设立欧盟国防创新计划(EUDIS),提出2027年前投资20亿欧元(其中74%出自欧洲防务基金、4.5%出自成员国、21.5%出自其他公共和私人投资者),支持将欧洲高科技企业的创意带给国防用户的一系列措施,包括军民两用孵化器、颠覆性技术方案征集、技术挑战赛、商业化教练、黑客马拉松、奖励金和竞赛、国防共用设施、跨国创新网络、衔接投资方与用户的中介等。这些措施将提供从技术培育、开发到市场化的全周期支持,降低欧洲初创企业、非传统国防供应商及其他创新者进入国防领域的壁垒。2025年,该计划预算为3.366亿欧元,主要工作包括:举办人工智能技术挑战赛;组织第二届国防黑客马拉松,将在欧盟八个地点进行,聚焦乌克兰及类似作战场景的解决方案;征集太空、能源弹性、地面作战、网络等领域的军民协同创新方案。

2)基金特点

欧洲防务基金具有以下优势:一是层次高。由欧盟委员会直接领导,可对欧洲防务力量和资源进行有效规划与整合,并使用欧盟预算资助,资金来源更稳定、可靠。二是规模大。在欧洲范围内,每年5亿欧元的科研基金规模仅次于法国年度研究与技术投入,每年10亿欧元的能力基金规模仅次于法国、德国、意大利、波兰等国家年度装备开发与采购投入。若考虑基金杠杆撬动作用,带动的经费规模将更大。三是效力强。欧盟委员会形成的"防务工业发展计划"法律性草案,已于2018年7月18日由欧洲议会通过成为正式法律文件。这与此前欧防局颁布的"防务采购行为准则""合作与共享行为准则"等不具法律约束力的文件相比,效力更强。

2.2.1.4 永久框架合作防务协议

2017年12月,欧盟25个成员国缔结"永久框架合作防务协议"(PESCO,以下简称"框架协议")。2018年3月,欧盟理事会通过该协议实施路线图。"框架协议"是欧盟首个具有强约束力的防务合作协议,将为欧洲开展国防科技合作提供坚实的制度保障。

1) 协议内容

"框架协议"包含19项防务合作条款,涉及以下四个方面:防务预算方面,要求签约国必须按约定增加本国国防预算,并将预算20%用于武器装备建设,2%用于防务技术研发;防务能力发展方面,要求签约国围绕"能力发展计划"确定的优先事项开展联合开发,弥补关键能力缺陷,实现欧洲防务战略自主;防务协同发展方面,要求签约国必须积极参与"年度协同防务评估"机制,最大限度共享本国防务发展计划;联合军事行动方面,要求签约国必须为欧盟联合军事行动提供资金、人员、装备、训练、演习、基础设施等方面的实质性支持。

2) 协议保障措施

"框架协议"实施路线图明确了一系列保障协议目标实现的具体措施:

(1) 分阶段推进目标实现。确定2018—2020年和2021—2025年两个阶段,包括每个阶段的具体目标及实现优先级。欧盟理事会将在各阶段结束时对具体目标的实现情况进行评估,以确定下一阶段是否调整目标。

(2) 对签约国相关工作开展年度审查。签约国每年需向欧盟委员会提交工作报告,阐述本国为实现"框架协议"具体目标所开展的工作;欧盟委员会将对工作报告进行评估,形成评估报告;欧盟理事会在评估报告基础上对各签约国进行审查,未通过审查的国家将被强制退出"框架协议"。2023年11月,欧盟理事会对"框架协议"进行评估审查,表示2023年防务开支将增长12%,预计2024—2025年将进一步增加,并对网络、无人系统、军事机动、化学、生物、放射性和核监视以及医疗服务等领域产生的成果表示肯定。

(3) 设立并实施防务合作项目。合作项目由各签约国提出,涵盖武器装备、后勤保障、军事训练和部署等领域。项目资金主要来自项目参与国,其中部分武器装备原型开发项目可获得"欧洲防务基金"中"能力基金"最高 30% 的资助。欧盟委员会已于 2018 年 3 月发布首批 17 个合作项目,并于 2018 年 11 月发布第二批 17 个项目。截至 2024 年 3 月,"框架协议"合作开发 68 个项目,涵盖联合培训、陆上装备、海上装备、空中装备、医疗、后勤、网络系统、太空系统等多个领域。

"框架协议"的签署为欧盟防务一体化发展提供了法律依据和制度保障,是欧盟向防务自主迈出的重要一步,将为欧盟各成员国之间开展规范、有序、高效的防务合作奠定坚实的基础。

2.2.1.5 欧防局的统筹举措

1) 欧防局概况

欧防局于 2004 年 7 月 12 日在欧洲理事会审议通过《联合行动宣言》后成立,对欧洲理事会负责,宗旨是提高欧盟在处理危机方面的能力,扩大和加强欧洲防务工业和技术基础,建立一个有竞争活力的欧洲防务装备市场,推动先进武器装备研制,确保欧盟成员国之间的良好合作。欧防局目前拥有 180 名员工,主要职能包括:①发展欧洲的防务能力;②推动欧洲军备合作;③建立和加强欧洲防务、技术和产业基础,以及防务装备市场;④推动欧洲防务工业的研究和技术开发。

为了在迅速发展的环境中更好地支持成员国,欧防局于 2014 年 1 月进行重组。重组的总体目标是确保欧防局能够预测和应对未来发展;提高运营输出;促进任务优先排序;以及有效且高效地满足成员国的需求、期望和利益。重组后,欧防局主要包括三个机构:产业、协同与促进部,能力、军备与规划部以及研究、技术与创新部。2022 年 5 月 17 日,由欧盟各成员国国防部长参加的欧防局部长级会议批准在该局下设立欧盟防务创新中心(HEDI)。

(1)产业、协同与促进部。专注于欧洲层面需求的早期识别和日常协调。通过能力发展计划和合作计划数据库进行能力规划和信息共享;开展防务与工业分析,以识别能力发展需求、支持防务领域合作,并加强军事适航性、标准化和互操作性。此外,还支持欧盟共同安全与防务政策的制定与实施。

(2)能力、军备与规划部。致力于最大限度提高能力、军备、研究与技术之间的协同,为未来规划做好准备。具体负责以下领域的工作:信息优势(通信与信息系统、监视和侦察、航天、网络防御);空中(遥控飞机系统、空中加油、空运和航空系统技术);陆上(反简易爆炸装置、装甲系统、陆军系统技术);海上(海上监视、反水雷措施和海军系统技术);以及联合领域(交通、医疗和弹药)。

(3)研究、技术与创新部。作为是欧洲防务部门与欧盟政策之间的接口,主要任务是推动和支持创新,主要聚焦以下领域:元器件、无线电频率和光学传感器、材料和结构、能源、核生化防护等。该部门还致力于发挥与欧盟层面其他创新规划和投入的协同,如欧盟科研框架计划和欧盟结构基金。

(4)欧盟防务创新中心。该中心旨在推动各成员国之间及欧盟各利益相关方之间的密切合作,促进欧盟内部国防科技创新,尤其是新兴技术和颠覆性技术的创新,以进一步提升欧洲防务能力。成立初期工作重点主要分为6个方面:①建立欧盟防务创新的"共同愿景"。邀请各成员国防务创新专家参与,围绕科技创新的政策举措及经验教训、新兴与颠覆性技术的发展现状与趋势、未来投资重点等进行广泛交流,推动各成员国就现状与未来达成共识。②扩展并升级欧防局国防创新奖。该奖项主要面向研发军用颠覆性技术与产品的非传统供应商和研究机构,该中心将进一步扩大奖项覆盖范围、增加奖项数量,并加快获奖技术的开发应用速度。③开展"创新挑战"行动以加快从创新理念到能力开发的进程,包括组织挑战赛、黑客马拉松等活动,以吸引非传统供应商参与,依据各成员国自身能力差距选择合适的创新方案,并对方案的开发与试验进行设计、监督与管理。④强化创新概念与技术演示验证。采取利用欧防局特别计划预算给予资助、设立灵活的资助合同条款等措施,挖掘科技创新的最大应用潜力,以从潜在买方获得更多支持。⑤加强欧盟防务创新成果的宣传展示力度。该中心将每年围绕研发项目成果、获奖成果等组织一系列展览,并选择年度核心主题,组织会议和小组讨论,以改善外界对欧盟防务创新生态系统的认知。⑥加强各成员国创新活动的统筹协调。统筹考虑各成员国的重点关注领域与事项,以及条令、组织、训练、装备、领导与教育、人事、设施、互操作等各方面工作,探索协调各成员国的概念设计、开发与实验活动,提高欧盟整体能力开发效益。

2)欧洲防务研究与技术战略

欧洲防务研究与技术战略是欧防局2008年11月提出的国防科技创新战略,旨在明确欧洲共同安全与防务领域的科研与技术需求。战略既包括欧洲国防科研基础能力建设,也包括具体的国防科学与技术研发项目。战略认为,防务研究与技术投资对各国维持未来国防工业能力至关重要,但当前欧洲各国在这方面投入较低,且没有显现出协同创新效果。为解决上述问题,战略主要明确了三方面内容:发展重点,即各国应投资于可提高欧洲未来军事能力的技术;发展方式,即可提高投资效率的机制、结构或流程;发展路径,即用于确保发展重点和发展方式的路线图和行动计划。

2024年3月，欧盟发布的《欧洲国防工业战略》对欧洲防务研究与技术发展进行了谋划，其中大部分举措需要由欧防局协调推进。该战略围绕"追求国防技术的前沿"提出两个方面举措，以充分发挥欧洲优秀科学家、工程师和创新人员的潜力，保持欧洲国防技术与工业基础的长期竞争力。一是支持创新并发挥中小企业潜力。充分利用更快迭代的军民两用技术，并注重发展颠覆性技术；借助欧盟国防创新计划，为创新型企业，尤其是初创企业、中小企业和研究与技术组织，提供更灵活、更快捷和更精简的资金支持，加强对创新产品和技术的测试与验证支持，促进军事终端用户与投资者之间的联系；强化欧盟国防创新计划与欧防局欧盟防务创新中心之间的合作，每年为多达400家创新型初创企业和中小企业提供支持，帮助它们突破传统准入壁垒参与国防创新。在乌克兰基辅设立欧盟创新办公室，作为欧盟初创企业和创新人员与乌克兰工业和武装部队之间沟通的桥梁，以传递可对战场产生影响的突破性技术。二是促进欧洲防务基金项目成果的转化应用。针对原型设计在研究和早期开发阶段之后出现的"死亡之谷"，提高欧盟成员国参与度，要求相关成员国在原型开发阶段就对产品出口条件达成一致，探讨精简和统一欧洲武器出口管制政策。促进欧盟资助开发的防务产品在欧盟内部的转让，设法简化转让许可条件和流程。

3）能力发展计划

自2008年以来，欧防局与欧盟成员国密切合作，定期制定和发布《能力发展计划》(CDP)，支持欧盟及其成员国层面的国防能力发展决策。总体目标是通过统筹未来作战需求和确定欧盟共同能力发展重点，提高欧盟成员国国防规划之间的一致性，推动欧盟内部的军事能力发展合作。

2023年11月，欧防局签署2023版能力发展计划，确定5个领域14项发展重点，包括：陆上领域，重点发展陆上作战能力、陆基精确交战能力、未来士兵系统；海上领域，重点发展海上作战和拦截能力、水下和海底作战能力、海域态势感知能力；空中领域，重点发展空战平台和武器、机载指挥和信息能力、防空反导能力、航空运输能力；太空领域，重点发展太空作战能力和太空服务能力；网络空间领域，重点发展全频谱网络防御作战能力、网络战优势和战备能力。此外，还确定8个战略推动因素与力量倍增器发展重点，分别是电磁频谱作战优势、持久且弹性的C^4ISTAR（指挥、控制、计算机、通信、智能、监视、目标获取和侦察）、军事机动性、关键基础设施防护和能源安全、可持续敏捷后勤、医疗支援、核生化和放射性防御、团结且训练有素的军队。

4）研究与技术项目

(1)能力技术组。欧防局研究技术与创新部支持在研究与技术方面的合作,并通过能力技术组(CapTechs)对相应工作予以管理。能力技术组由来自各成员国且专注于特定技术领域的政府机构、产业界、中小企业和学术界的专家组成,目前设有 15 个组,分布在信息优势、干预与防护、创新研究三个领域,如表 2-9 所列。每个能力技术组包括三类成员:一是国家协调员,作为参与国代表,协调本国的技术活动;二是政计成员,从公共研究与技术组织、国防部或军方等政府组织中任命,作为专家参与特定主题的讨论,并支援能力技术组的活动;三是非政府专家,参与能力技术组的讨论和活动,可自下而上提出研究与技术项目(技术推动),也可响应自上而下提出的需求(能力牵引),他们来自工业界、中小型企业、研究组织、科学机构和学术界。

表 2-9 欧防局能力技术组的设置

领域	信息优势(4个)	干预与防护(4个)	创新研究(7个)
具体组名	通信信息系统与网络	航空系统	材料与结构
			部件与模块技术
	系统之系统战场实验室和建模与仿真	地面系统	射频传感器技术
			光电传感器技术
	太空	海军系统	核生化放防护与人的因素
			制导、导航与控制
	网络研究与技术	导弹与弹药技术系统	能源与环境

所有能力技术组均制定技术路线图,将之作为其战略研究议程(SRA)的一部分,目的是与欧防局能力发展计划中确定的未来军事需求相衔接。为了确保每一能力技术组均采用系统性战略研究架构,欧防局制定了《总体战略研究议程》(OSRA)文件,介绍每个能力技术组所涉及的技术领域。该文件从一开始就与军事能力和未来解决方案所需的技术相联系,旨在为不同能力技术组关注的研究与技术优先事项提供战略指导。

(2)技术观察和技术预见。为了支持《总体战略研究议程》的实施,欧防局 2015 年启动展技术观察和预见(Technology Watch & Foresight)活动,以识别并评估新兴技术对未来国防能力的短期、中期和长期影响,为欧防局研究与技术规划过程提供广泛而系统的观点。

技术观察活动旨在识别和监控国防相关的新兴技术,了解其短期演变和影响。该活动基于能力技术组所带来的广泛专家网络,并采用一套技术观察与地平线扫描信息化工具,即国防创新监控(DIM)。这一工具基于欧盟委员会联合研究中心开发的创新监控工具(TIM),能够汇集论文、专利、欧盟资助项目等数据，与欧防局研究与技术分类中的领域进行映射，为专家分析判断提供支持。

技术预见活动旨在确定新兴技术在未来 20 或 30 年国防能力的影响，采用研讨会等方式，确保对可能的"未来"进行全面分析。每次研讨会的步骤包括：一是就研讨会要解决的关键新兴颠覆性技术问题达成共识；二是分别从中期和长期评估技术未来应用、技术成熟度和技术需求；三是识别主要的障碍、局限、挑战和依赖问题；四是揭示不断演变的技术对国防的预期影响。

（3）特别计划与项目。欧防局通过设立特别计划与项目实施技术开发。最常见的是 B 类项目，这类项目由数量较少的成员国负责准备，根据"选择性参加"方案向其他成员国开放。更加全面、更加复杂的项目被确定为 A 类项目或"联合投资计划"，由所有成员国参加，可以"选择性退出"。促使成员国投资 A 类、B 类项目所需的预备工作，由欧防局运作预算处提供资金支持。

每个 B 类项目由至少两个贡献成员发起，为其他成员提供加入的机会。一名发起成员被任命为牵头国，并主持参与国政府代表会议。成员国在自愿基础上提供资金。典型的 B 类研究与技术项目涉及三到四个贡献成员，投资额从 300 万欧元到 400 万欧元不等。

与 B 类相比，A 类项目通常采取涉及大量成员国的计划形式。资金由成员国自愿提供，每个项目通常超过 1000 万欧元。一个计划通常安排几个单独的子项目，根据单独的欧防局合同实施。

2.2.2　国家层面

2.2.2.1　英国

1）战略规划

英国国防科技协同创新相关规划主要见于英国发布的国防和国家安全战略及国防科技和工业发展规划，大致分为两个层次：首先是从国家安全战略宏观层面，对未来一段时期内国防科研体系建设和重点工作进行整体规划，即英国政府不定期向议会报告总体国防政策目标与实施途径的防务审查机制；其次是执行部门层面对协同创新计划的具体细化，主要包括英国国防科技管理相关机构（包括国防部、议会国防委员会、国防科技顾问委员会等）发布的各类武器装备和国防科技发展规划中有关协同创新的内容。

（1）防务审查机制。与美国曾采取的"四年防务审查"等定期防务审查机制不同，英国防务审查机制相对松散，审查的频度与结果形式都没有固定要求。一一般而言,英国防务审查往往在政府换届或发生重大政治事件时进行,形式主要包括国防白皮书和国防/安全审查报告两种类型。无论何种类型的审查报告,均由首相以政府名义提交议会下院。

冷战结束以来,英国政府发布的防务审查报告主要包括 1998 年《战略防务审查报告》,2003 年《国防白皮书》,2010 年、2015 年《战略防务与安全审查报告》(SDSR),2021 年《安全、防务与外交政策综合评估》,以及 2023 年《综合评估更新:应对竞争加剧和更加动荡的世界》《国防部对更具对抗性、更加动荡世界的反应》。这些报告均从内政、外交、经济、国防、文化、社会等多个角度对英国国家安全环境、安全政策和安全战略进行阐述。其中,强大的国防能力被视为应对直接安全威胁的必要条件,而国防工业的研发与生产能力又是建设强大国防能力的基础。因此,历次防务审查报告都对国防研发与生产能力给予高度重视,从国家顶层提出了对国防科技创新的宏观要求。

2021 年《安全、防务与外交政策综合评估》指出,科技对于战略环境起着决定性作用,未来十年,推进和利用科技能力将成为衡量国家实力的一个日益重要的指标,在关键和新兴技术领域发挥领导作用的国家将走在全球最前沿。为此,文件提出了以下措施:以英国现有的科技成果为基础,通过转变从研究到商业化的"拉动"模式,释放英国科技和数据生态系统潜力;更好地保护知识产权和敏感研究;提升识别、发展和使用战略技术的能力;建立多样化的国际科技合作伙伴关系网络;采用"商业科学"方法,改善政府工作方式。

2023 年 7 月,英国《国防部对更具对抗性、更加动荡世界的反应》战略报告指出,英国的战略优势源自对尖端未来技术的投资和与工业界的关系,英国需要更加敏捷的采购流程和政府与工业界之间更强大的合作伙伴关系(包括大型和中小型企业)。为此,报告提出以下措施:投资至少 66 亿英镑,研发人工智能、工程生物学、未来电信、半导体、量子、机器人、人效增强、定向能武器、先进材料等先进技术;重组研发、科技以及创新结构,创建统一的系统,减少官僚主义,将科技成果更快、更有效地应用于军事能力;培育一个真正的协作生态系统,创建由政府、工业界和学术界共同参与的国防科技卓越体系;超越传统的客户-供应商关系,发展与工业界的基于透明和信任的长期战略联盟,共同更好地理解长期战略挑战,找出解决问题的方案;推出新的供应商发展计划,使更多中小企业参与国防部项目;与美国、澳大利亚、法国、德国、日本和意大利等盟友和伙伴更加紧密地合作开发尖端能力。

(2)执行层面计划。该层面计划主要包括国防部 2012 年发布的《通过技术实现国家安全:技术、装备及对英国国防与安全的支持》,2016 年 9 月发布的《国防创新纲要:通过创新获取优势》以及2019年9月发布的《国防创新重点》。目前,英国国防部正在制定一份新的综合科学、创新和技术战略。

①《通过技术实现国家安全:技术、装备及对英国国防与安全的支持》。该文件要点在于:发展英国国防科研能力的主要目的是为英国军队和国家安全机关提供最先进的国防能力,以捍卫英国的国家安全和利益;在国防领域应尽可能建立开放性采购体系,以促进竞争、激励创新;应根据国防与国家安全方面的需求以及国家经济体系和国防科研生产基础的承受能力,制定切合实际的重点装备与技术发展规划;应采取加大国防基础科研投入、鼓励国防科研机构进军国际市场等方式,对本国国防科研能力进行扶持,提升其国际竞争力;国防技术研发投资不应低于国防预算的1.2%(欧防局"不低于2%"的标准此时尚未制定),为减轻政府财政压力,应当大力吸引私营部门和金融资本进入国防科技领域;应确立工业界在国防创新中的主体地位,政府应与企业建立透明、稳定的长期合作伙伴关系,同时重视中小企业在国防科技创新中的作用,对小企业的科技活动予以大力支持;应大力开展国防科技国际合作,并积极引进国外先进能力,补充本国国防科技能力的不足;应重点资助网络安全等新兴领域的项目,确保英国在国防新兴领域的领先地位;对政府体制进行改革,建立国防科技管理部际协调机制,以及在负责国防科技管理的部门设立对外技术合作专员等,使政府架构符合国防科技发展要求。

②《国防创新纲要:通过创新获取优势》。该文件回顾了英国辉煌的历史与创新成果,阐述了国家安全领域面临的挑战,要求进一步加强创新制度和环境建设,并提出一系列具体举措。其中,在"核心原则"部分,指出应建立开放式创新"生态系统",利用国防部及其他国家安全部门的专业知识,与来自工业部门、学术界、盟友的创新者建立有效、高效、多产的伙伴关系;在"主要计划与机遇"部分,指出英国国防部将与学术界、工业界及关键盟友展开合作,并与政府其他部门加强合作。

③《国防创新重点》。该文件主要聚焦于如何加强与民用部门的协作创新,指出随着民用部门在推动技术和社会变革方面显现出日益重要的作用,英国国防部将寻求与民用部门建立新型伙伴关系,通过发挥各自的资源优势,实现互利共赢。文件对以下三部分内容进行了阐述。

一是建立新型创新文化。指出英国国防部将推动建立强大的创新文化,将创新放在核心位置,为其他国家树立榜样。首先,对合作创新采取更加开放的态度,致力于与工业界、学术界,尤其是非传统军工企业开展高效合作。为此,英国国防部将通过尝试不同合作方式、开展调研咨询并总结经验教训、提供融资支持和顾问服务、启动信息共享试点等举措,提高与非传统军工企业开展合作的可能性。其次,认识到技术创新固然重要,工作方式的创新也很重要,并希望民用部门能够基于自身产品、服务和创新流程,为国防部提供现成解决方案。

二是确定亟须解决的创新问题。文件列出了英国国防部当前面临的较为紧迫的,且最有可能通过与民口力量合作而解决的五大创新问题,包括:跨域整合信息和部队活动,以增进对信息的理解与运用;强化指挥与控制,以在复杂作战中更快、更好地做出决策并获取决定性优势;在对抗环境下作战并取胜,尤其是在网络和太空领域;培养具有良好技能、知识与经验的国防人才;在训练、兵棋推演和实验中模拟未来复杂战场。这些问题不仅涉及技术创新,还涉及创新政策、管理实践和作战等方面。

三是明确开展合作创新的方式与举措。文件对如何开展合作创新提出如下举措:首先,宣传合作机会,除发布该文件外,还将利用现有的新闻和社交媒体进行宣传;其次,建立长期合作的平台,可以是面对面会议,也可以是网络虚拟协作空间交流,旨在增进互信并确定创新活动目标;最后,积极开展创新活动,推进工业界及民用机构等的已有解决方案直接应用于国防,鼓励与工业界等共同发起创新挑战赛或设立联合投资项目,以寻求通用解决方案。

2) 管理部门

(1) 国防科技实验室。在英国国防部框架下,国防科技实验室(DSTL)是传统上负责国防科技协同创新的主要职能部门。国防科技实验室成立于2001年7月,是英国国防部系统最重要的装备技术研发机构,国防部超过60%的武器装备技术研发项目由国防科技实验室在工业界与学术界的合作伙伴承担,2023年经费总额达11亿英镑,现有雇员5600人。2023年,国防科技实验室发布《国防部科技投资组合》指南,旨在满足国防部的能力需求并确保英国军事力量始终处于全球前沿,提出了先进材料、人工智能、潜艇威慑系统、下一代动能效应武器、人效增强等领域29个项目。

国防科技实验室内部领导结构包括董事会和执行管理委员会两级。其中,董事会由9名董事组成,包括6名独立董事和3名执行董事(首席执行官、首席科技官、首席财务官),主席由来自国防部外部的1名独立董事担任,负责对执行管理委员会在战略、计划、具体事务与发展目标等方面予以支持,并就上述方面问题提出质询,同时依据国防科技实验室自身发展计划对执行管理委员会的表现进行监督。董事会下设一个审计和风险保证分委会(ARAC),负责监督和审查国防科技实验室在风险管理、内部控制和治理等方面的情况。

国防科技实验室的日常管理由执行管理委员会负责,该委员会最高负责人为首席执行官,成员包括首席科技官、首席交付官、首席人力官、首席运营兼财务官。首席执行官是国防部官员,接受负责国防采办事务的国防副大臣领导,负责维持国防科技实验室的科研投资能力,为客户提供有价值的、基于科技基础的支持与建议。首席执行官需要确保国防科技实验室遴选最佳供货商与合作伙伴,并平衡国防科技实验室短期和长期发展,具体职责包括保持国防科技实验室财政活力和客户满意度,保证国防科技实验室员工的贡献得到合理回报。

国防科技实验室在项目管理方面采取归口管理,根据项目所属技术领域以及合作机构的差异设七个处(Accounts),具体负责不同类型项目的管理,各处名称及所负责领域分别为:

① 航空处(Air Account):负责领导航空领域的科技创新与整合。在固定翼飞机、旋翼机、空战武器系统、保障系统以及无人系统等领域开展技术研发,满足国防部在上述领域的技术需求。

② 海事处(Maritime Account):负责领导海上领域的科技创新与整合,包括海军任务支持、现有装备性能优化与生存能力提升、技术风险规避、未来作战概念开发以及未来20年能力开发计划。

③ 陆战处(Land Account):负责领导陆战领域的科技创新与整合。

④ 联合部队制信息处(Joint Forces Account – Information Superiority):负责领导联合作战领域的科技创新与整合,包括未来威胁判断、为C4ISR能力开发与管理提供建议、高承受性传感器技术开发、未来指挥控制技术预测、信息与情报系统效率优化、未来太空能力开发、信息化基础设施开发、网络威胁应对、网络能力开发以及国防部人员培训方案优化等。

⑤ 联合部队专业用户服务处(Joint Forces Account – Specialist User):与联合作战部队信息处共同负责领导联合作战领域的科技创新与整合,包括决策支持、技术开发建议与分析、训练、医学研究、任务支持以及政策支持等。

⑥ 总部服务处(Head Office Account):负责领导国防部总部以及国防设备与保障委员会下属研究机构的技术创新与整合,为国防部总部负责的各项能力开发提供支撑。

⑦ 部际合作处(Wider Government Account):负责代表国防部与国防科技实验室,参与跨部门的科技创新与整合工作,并协调各部门关系。

国防科技实验室的最主要职能是帮助英国国防部落实国家安全战略的要求,特别是监测英国国家安全面临的威胁与机遇,保证英国本土、边境与海外利益不受来自不同行为体的物理或电子攻击。国防科技实验室的具体职责包括:为国防部及其他政府部门提供即时且专业化的科技服务;为国防部及其他政府部门下属的情报机构提供专业化的决策建议、分析与保障;利用工业界、学术界和政府的资源,推进国防部的科技研发项目;搜集并管理国防与安全领域的信息,通过分析明确科技领域的风险与机遇;在国防部、其他政府部门、私营部门、学术界以及盟友间充当沟通桥梁,为军事能力开发与合作提供技术支持;领导国防部系统内的科技能力开发。

国防科技实验室主要在国防部系统内开展各项工作,但也会利用其专业能力和设施,在国防与安全领域同英国其他政府部门开展合作,目前已与英国40余个政府部门或机构建立合作伙伴关系。同时,国防科技实验室与英国工业界和学术界建立伙伴关系,并积极开展国际合作,以共同解决国防与安全领域的科技问题,如与大数据众包平台 Kaggle 合作,尝试以众包竞赛方式寻求大型、复杂数据集分析方法,用于自动检测和识别卫星图像中的目标,以大幅提高卫星情报收集和分析能力;与美国海军研究署全球部合作研究 DNA 驱动的生物电池。

(2)国防创新顾问委员会。2017年2月,英国国防部建立"国防创新顾问委员会"(Defence Innovation Advisory Panel),该委员会由来自英国政府、军方、产业界和科学界的代表组成,职能是驱动国防部创新倡议,以鼓励想象力、独创性和企业家精神,促进协同创新,从而维持未来军事先进性。

2017年7月,英国国防创新顾问委员会召开成立以来首次会议,主要讨论委员会工作重点,包括:利用包括科技公司前首席执行官、军队官员、宇航员和创新领导者等在内的委员会成员在各领域的优势促进创新;推动国防部与英国最有影响力和前瞻性的创新者建立合作关系,确保创新稳步进行;利用国防先进技术拉动英国经济增长和就业,继续发挥英国在先进装甲车辆、电子战软件和生化威胁检测领域的创新优势。2018年4月,该委员会发布报告认为,英国国防部需要进行根本性变革,才能变得更加灵活和敏捷,从而为信息时代的战争做好准备,并建议:以最终用户需求推动创新;营造快速失败和学习的环境,以更大程度地接受和降低风险;确定和推广创新方案获取最佳实践;从根本上完善和简化合同签订和审批流程;将数据收集、共享、分析和使用放在部门工作首位;建立网络司令部;将计算机科学和数字工程作为核心技术能力。

(3)国防与安全加速器。2016年12月,英国国防科技实验室正式启动国防与安全加速器(DASA),汇集国防部、军方多个部门的人才,促进国防部与工业界、学术界和盟友之间的协作,针对最紧迫国家安全挑战快速开发创新性解决方案。该加速器取代已运行8年的国防企业中心,探索和采用新的协作方式,支持新的供应商和创新者参与国防研发,确保英国充分利用新的创新者维持国防优势。2023年,国防与安全加速器发布12个主题竞赛、2个市场探索、5个开放征集项目,评估 882 份提案,授出 249 个项目、总额 5775 万英镑,其中 56% 的项目授予中小企业。截至 2023 年,国防与安全加速器已与 Aerospace Xelerated 等 12 家创新组织建立合作伙伴关系,共同推进国防科技协同创新体系建设。

国防与安全加速器主要通过建立管理网络,利用合作研究所及创新中心的知识、设施及技术,加快创新想法从概念构想到应用交付的进程;与国防采购机构携手合作,推动创新解决方案实现应用(图 2–10)。它所建立的创新生态系统,将在现实及虚拟协作空间为国防用户及供应商提供合作机会,成为利益相关方甄别、培育及验证新想法和解决方案的安全环境(图 2–11)。成功关键取决于其利用两类解决方案的能力,一类来自非传统国防与安全供应商,另一类来自国防部或其他政府部门。

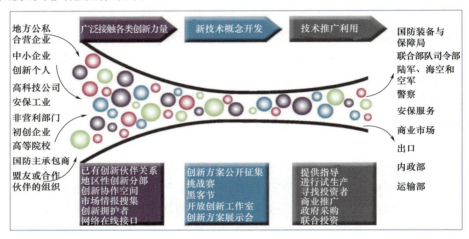

图 2–10　英国国防与安全加速器运行模式

图 2–11　英国国防与安全加速器职能示意图

归纳起来,国防与安全加速器有五大使命任务:一是建立由政府、私营部门、学术界和个人组成的创新网络,覆盖从未与国防部合作过的实体;二是理解国防与安全用户需求,帮助搜集、开发和利用创新性概念,支撑决策并提供潜在解决方案;三是发现、资助和支持中小企业和大学的创新性概念,并将其转化成可用的产品和服务;四是建立合作关系,协调和补充现有活动,避免重复投资,完善创新生态系统;五是试验新的工作方法,促进交付最佳解决方案。

2.2.2.2 法国

1) 战略规划

法国通过从战略层面加强对国防科技协同创新的规划设计,确保协同创新始终处于良性发展轨道。

(1) 发布战略引导国防科技协同创新。法国从20世纪80年代中期起,逐渐采取军民结合发展国防高技术的策略,力图协调军事和经济重点任务,用国防科研提升军品市场竞争力,用两用技术产品解决军事力量建设与经济繁荣之间的关系。1994年,法国国防白皮书明确提出,"国防工业要考虑向军民两用方向发展,军用和民用研究要尽可能结合"的战略原则和方向;其《2003—2008年军事计划法》也提出,要通过优先发展军民两用技术来加强研究和技术开发。法国2013年《国防与国家安全白皮书》提出,在财政紧张情况下,应维持充足的研发投入,保护中小企业这一重要的创新源泉。法国2019年《国防创新指南》提出,适应科技发展总体趋势,充分利用民用领域创新成果服务国防建设,具体举措包括:建立高效互连的创新成果感知网络和报送机制,加强与政府其他部门及工业界的合作伙伴关系,发现民用领域创新成果;从技术成熟度、市场成熟度、用户成熟度三个维度进行评估,以针对性开展工作,全方位推进创新成熟度,加快创新成果转化应用。法国2022年《国家战略评估报告》提出,促进国防部门与所有国家机构之间的协同,以应对法国面临的重大危机甚至高强度对抗。

(2) 制定规划计划促进国防协同创新。法国在推动协同创新过程中十分重视军民两用技术的发展及军民技术的相互转化。法国认为,两用技术的开发应用可以大量节省国防经费。法国国防部和研究部于2001年1月签署一项合作协议,建立常设机构以加强两个部门的合作,涉及材料、纳米和微米、生物、光电子等共用基础技术,信息和通信、集成电路等军民两用技术,以及扩散到民用领域的航空、航天、火箭推进等军用技术。2021年10月,法国总统马克龙公布总额300亿欧元的"法国2030投资计划",目标是使法国通过再工业化重新成为生产和科技创新大国,投资重点包括半导体等电子元器件、数字技术、太空、深海等军民两用技术;通过实施国家大型计划和专项计划,发展军民两用高技术,确保高新技术产业的国际领先地位。

2)管理部门

法国国防创新局是法国国防科技协同创新的主要职能部门。该局于2018年9月1日正式成立,隶属于法国武器装备总署,负责统筹国防创新相关的所有事务,包括国防科技协同创新,指导研究、技术与创新政策,直接管理关键项目。国防创新局面向民用产业、初创企业以及整个欧洲开展工作,通过整合法国国防部内部资源,并采取新的尤其是有利于快速实验的手段和方法开展创新活动,相关工作包括调查创新现状、提倡承担风险的文化并加速项目资助过程。国防创新局的成立带动法国国防部研究与创新预算从2019年7.3亿欧元增长至2022年10亿欧元。2021年11月,国防创新局局长埃马纽埃尔·希瓦称,已从760家初创企业中选出290家,为国防领域提供有潜在价值的技术;该局向所有"发明家"提供一站式服务,甚至不熟悉国防和军事领域的人也可以申请经费支持,每月会收到30~50份申请书。

2.2.2.3 德国

1)战略规划

德国将未来一段时期内国防科研与民用科研重点均列入整个国家科研战略。德国国家科研战略由联邦教育与科研部制定,并根据需要进行更新。德国分别于2014年、2018年、2023年制定《新高科技战略:德国的创新》《高技术战略2025》《未来研究与创新战略》。

《新高科技战略》认为,创新是国家繁荣与国民生活质量提高的驱动因素,能够强化德国作为世界领先的工业国和出口国的地位,并帮助德国应对若干急迫挑战。《新高科技战略》中与协同创新有关的内容包括:①构建完善的技术转移网络,包括强化科研工作的创新潜力、增加高校与工业界以及社会的战略合作机遇、消除科研成果商业化的障碍以及推进国际合作等。②提升科研工作的透明度与参与度,包括强化技术的开放性,并创造参与机会;鼓励科研界与公众的对话以及在民众中宣传科学;扩大科学交流;实施"创新型社会路线图"议程,推动科学界、工业界及社会之间的合作;提升科研工作的透明度与战略预见性。③加强创新型中小企业建设,鼓励开放创新并扩大新知识受众面,实施开源战略等。

《高技术战略2025》把支持微电子、材料、生物技术、人工智能等领域的未来技术发展与培训和继续教育紧密衔接,认为德国需要积极发展数字教育和新的继续教育文化；提出支持开放的创新与冒险文化，为创造性思想提供空间，吸引新的参与者积极投身德国创新；为更多地应用研究成果，提出通过实施新战略，来促进转化、增强中小企业的企业家精神和创新力，并密切欧洲与国际的互联和创新伙伴关系。新的重点措施包括设立"跨越创新促进署"，并通过税收优惠支持研发，特别是支持中小企业创新。

2023年2月，德国朔尔茨政府出台《未来研究与创新战略》，取代默克尔政府时期的《高技术战略2025》，提出加强与学术界、产业界和社会各界的合作，确保更广泛地利用开放获取、开放科学、开放数据和开放创新的可能性；支持中小企业和初创企业进一步参与创新；支持社会组织和公民参与研究与创新；建立对话或协商机制，使不同利益相关者都能参与制定研究与创新相关战略和举措。该战略提出重点发展的军民两用技术领域包括：发展资源高效利用和可持续发展的产业和交通；确保德国和欧洲的数字和技术主权，挖掘数字化潜力；加强太空和海洋的探索、保护与可持续利用。

2023年6月，德国联邦政府通过了《国家安全战略》，指出"德国的韧性和竞争力基于其高水平的创新以及技术和数字主权。为此，联邦政府将专门促进科学研究和企业的创新能力，并采取措施防止非法影响和非法知识外流"。按照这种方法，德国政府将沿着该战略的"防御性、弹性和可持续性"三个核心维度加强安全相关的研发投资。

2024年12月，德国发布《国家安全与国防工业战略》，聚焦强化国防工业韧性、提升自主可控能力、推动国防工业向平战结合转变，以应对俄乌冲突带来的新安全挑战。该战略以建设全面强大、面向未来的德国国防工业体系为总体目标，提出了德国国防科技创新的重点领域及相关举措。该战略从3个层次界定了德国国防工业核心技术与能力发展的方式：一是自主发展"对维持作战能力和供应链安全至关重要"的技术，包括舰艇、装甲车、人工智能、电子战、光电传感、信息通信等技术，以维持和拓展这些领域的本土能力，避免对外依赖；二是在保持本土研发能力和平等互利的前提下，与欧洲国家及国际伙伴合作发展量子、弹药、无人系统、导弹与反导、旋翼机等技术；三是重点依托欧洲及国际力量，发展信息通信、太空、无防护车辆、情报等非军事专用技术。该战略还提出统筹建设协同创新生态，要求德国政府及时根据国防需求和技术发展状态的变化，动态调整关键技术清单，优先发展国防应用前景较高的前沿技术；统筹国家安全、民防、国防技术共同发展，鼓励成熟军工企业带动初创企业等协同创新；从简洁化、数字化、专业化和创新化的角度，完善国防采办制度和流程；设立专项基金，资助初创武器装备制造企业发展。

2)管理部门

德国议会、联邦总理及内阁委员会等国防工业管理最高决策机构,负责德国国防科技协同创新政策的决策。其中,内阁委员会由联邦总理主持,成员包括外交部、财政部、经济部、国防部、运输和交通部、研究和技术部以及邮电部的部长,负责制定协同创新重大方针政策。具体协同创新事务由国防部总装备部负责,但由于德国军工企业全部是民营企业,不受国防部直接控制,因此国防部对协同创新的管理只是宏观政策调控。德国国防部内设有军工经济组,成员包括国防部派驻重要军工企业的代表。军工经济组定期举行会议,各军种及国防技术与采办总署派代表参加。国防部总装备部下属的国际军备事务局则全面负责军备的国际合作以及相应管理工作。

德国还成立了国防技术协会,通过举办年会等活动使军工企业了解政府的国防方针政策和联邦国防军的规划与计划,促进政府与军工企业界的交流。国防技术协会还与总装备部密切合作,推动武器装备采办部门、使用部门与军工企业界对话。

第 3 章

国防科技需求对接机制

国防科技需求是指未来一定时期内国家安全对国防科技建设的基本要求,贯穿于国防科技发展的全过程,且作用于武器装备的全系统、全要素、全寿命。国防科技需求的重大变化来源于未来科技发展的深刻变革,围绕未来科技发展任务,将国防科技需求科学精确地进行对接,是实现科技需求在国防建设发展全过程发挥牵引作用的关键。

3.1 美国国防科技需求对接机制

为了有效进行国防科技需求对接,美国利用互联网快速、高效、便捷等特点进行国防科技的需求对接工作。国防科技需求涉及较多信息技术产品和服务,成为美国维护数据和信息安全的重要节点。为此,美国建立了较为完善的政府采购信息发布审查机制,为维护信息安全提供了有力的制度支撑。

3.1.1 信息发布审查机制

美国国防部、能源部的科技计划都向社会公开,这既是美国法律要求的保障公民知情权的自然结果,也是有关部门促进科技发展的一项措施。因为这种公开和透明,可以使各方面了解国防相关部门需要什么、要达到什么目的和效果、有多少资源等信息,从而对号入座地做出反应,主动地参与到国防科技活动,或预先准备力量以承担相关任务。同时,美国也将武器装备科研生产相关信息视为政府涉密信息,制定专门的法律法规加以保护。

信息发布审查机制是平衡信息公开和信息保密的关键。一方面,发布的信息必须能为目标受众接受,尤其是在接触非传统国防承包商和学术界的时候,把军事需求"翻译"成所有潜在受众都能理解的技术需求;另一方面,要做好业务安全分析和公开发布审查,避免"仅政府使用"信息或其他敏感信息泄露。例如,《信息自由法》规定国防或外交信息可豁免公开;《原子能法》对原子能信息的定密与解密、原子能领域的国际合作、非密原子能信息的传播、泄密处罚力度等做出了详细规定;奥巴马政府2009年颁发的第13526号总统令,规定"与国家安全有关的科技事项"属国家安全信息,应加以管控,但同时又强调"与国家安全没有明显关联的基础科学研究信息不应被定密"。

2019年1月,美国国防部首席管理官发布新版第5230.09号指令"国防部对外发布信息的审批",规范了国防部信息发布审查机制。该指令不适用于以下情况:①提供给国会委员会的声明、证词、记录、预算文件等材料,按照第5400.04号指令"国会信息的供应"发布;②国防部承包商信息的发布需遵守国防部第5220.22号手册"国家工业安全项目操作手册"和第5200.01号手册"国防部信息安全项目"第1至4卷;③诉讼中的官方信息遵照国防部第5405.02号指令"诉讼和国防部人员作证证词中官方信息的发布"执行;④发布给媒体组织的官方信息遵照第 5122.05 号指令"负责公共事务的助理部长"执行；⑤国防部人员利用个人设备拍摄的视觉影像，如发布给媒体机构需遵守第 5040.02 号指令"视觉信息"；⑥外界请求发布的信息需遵守《美国法典》第 10 卷第 552 条"信息自由法"和"隐私法"相关规定。

美国国防部信息发布遵循以下准则：①向公众和国会提供准确、及时的信息，帮助他们分析和了解国防战略、国防政策和国家安全事项；②任何包含军事情况、国家安全事项或国防部极为关切事务的官方信息，在对外发布前必须进行审查；③国防部监察长办公室作为一个独立、客观的组织，只有在必要时才进行发布前审查；④为了国家安全利益或其他合法政府利益，有必要对信息进行保护，因此公开发布的官方信息都是有限的；⑤发布的官方信息必须与已有国家和国防部政策及项目一致；⑥为确保学术自由并鼓励智力表达，国防部人员在校学习或担任教职时，所撰写的论文或学校要求的材料，如果不在学校以外发布就无须审查，但他们必须确保内容不涉密、不敏感或不在受控非密信息之列，如要公开发表必须进行发布前审查，这些必须与他们参与学术活动前签订的保密协议保持一致；⑦退役军人、前国防部雇员和承包商、预备役军人发布的信息应接受审查，确保不对国家安全造成影响，并与他们所签署的保密协议的要求一致；⑧国防部人员发布与工作职能无关的私人信息时，如果符合第 5230.29 号指令"国防部公开发布信息安全与政策审查"的标准，则必须接受发布前审查，其发布行为必须遵守第 5500.07 号指令"行为道德和标准"和 5500.07 号规章"联合道德规定"要求的道德标准，且不会对国防部带来负面影响。

美国国防部下属的行政管理局（Director of Administration & Management）是国防部信息安全与政策审查的主要责任机构。华盛顿总部服务局（WHS）在行政管理局领导下，履行以下职责：监控信息审查政策的遵守情况；协调各部门首席人事助理，制定信息发布审查程序及指南；通过国防发布前安全审查办公室（Defense Office of Prepublication and Security Review），实施信息发布前的审查流程。各部门负责人履行以下职责：一是为华盛顿总部服务局提供及时指导和帮助，确定拟公开发布信息可能产生的安全或政策影响；二是建立内部信息发布审查政策和程序，指定负责的内部机构及联络人，并将信息提交给国防发布前安全审查办公室；三是将拟发布的信息提交华盛顿总部服务局审查，并根据第 5230.25 号指令"禁止公开披露非密技术数据"提出信息发布建议。

3.1.2 需求对接平台建设

美国国防部依托联邦政府网络平台实现了信息层面的供需对接，设立专门辅助计划帮助非传统供应商在操作层面与国防部对接,另外还组织形式多样的活动以巩固对接成效。

3.1.2.1 国防创新途径网站

2022年12月9日,美国国防部宣布对"创新途径"网站(图3-1)进行改革更新,以进一步促进国防部与企业、高校、人才等力量的沟通合作。该网站由国防部于2022年4月设立,旨在推动国防科技创新"寻宝",加强国防部与各类创新力量之间的互相了解与对接,尤其是吸引非传统力量进入国防科技创新领域。

图3-1 国防部创新途径网站首页

调整后的创新途径网站基本成为美国国防部官方的需求对接平台。该网站覆盖了国防部范围内与科技创新相关的全部组织与机构,涉及国防部长办公室、直属业务局、各军种、各作战司令部等多个层面,截至2014年11月数量总计294个。美国国防部官网指出,这是国防部第一次以公开网站的形式对整个部门的科技创新相关机构进行汇集。网站将294个机构主要分为以下四类:一是科研机构,包括国防实验室、联邦资助研发中心、大学附属研究中心、制造创新机构、软件工厂等多种类型;二是创新管理和资助部门,如国防部首席数字和人工智能官办公室、陆军作战能力开发司令部、海军作战发展中心、空军快速能力办公室等;三是技术转移转化机构,主要负责高新技术的双向转移转化,如国防创新小组、Apex加速器、空军Innovare推进中心等;四是创新联盟,一般由军方部门、科研机构、传统军工企业、中小型企业、高校等共同构成,如航空与导弹技术联盟、海上维持技术与创新联盟、国防电子联盟等。此外,该网站还致力于展示创新机构详细信息,列出了各机构的简介、主要职责、关注领域、需求、联系方式等,并绘制了创新机构地图,致力于为外部创新力量全面了解和认识国防创新机构提供支撑。

3.1.2.2 政府采办管理网站

2012年,美国政府通过整合"承包商中央注册数据库""联邦政府数据库""联邦政府采购数据系统""在线声明和认证应用"等数据库和平台,构建美国政府采办管理网站(sam.gov)(图3-2),该网站已经成为美国最大的收集、验证、存储和管理政府采购及承包商数据的平台。承包商只要通过获取企业身份识别码,并在该网站提交规定的资料信息注册,就可以成为国防部及其主承包商的潜在客户,参与军品市场的竞争。国防部通过企业身份识别码,检索承包商的资金实力、主营业务、背景资料、资信档案、企业所在地等信息,以及参与政府采购的历史记录,由此决定承包商是否具备承担国防任务的基本资质。

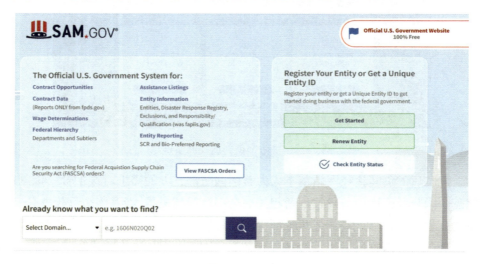

图3-2 美国政府采办管理网站首页

3.1.2.3 国防创新市场网站

国防创新市场网站(https://defenseinnovationmarketplace.dtic.mil)为工业部门提供了一个检索国防部科技规划文件、采办资源、投资和财务信息的源头(图3-3)。工业部门也可以通过该网站提交自有产权的独立研发项目概述报告,这是《联邦采办条例国防部补充条例》的要求。

图 3-3　国防创新市场网站

3.1.2.4　研究与工程门户

研究与工程门户(图 3-4)提供了一个协作环境,国防部和工业合作伙伴可以从这个门户获得信息和数据,分散在全球的科学家和工程师能够利用该平台进行协作。该门户提供了两大功能:①技术百科(DoDTechipedia),能够使科技人员即刻共享和更新技术发展信息;②技术空间(DoDTechSpace),为科技人员提供虚拟的协作环境,使他们开展对话、创建内容、协调项目并与同事联系。

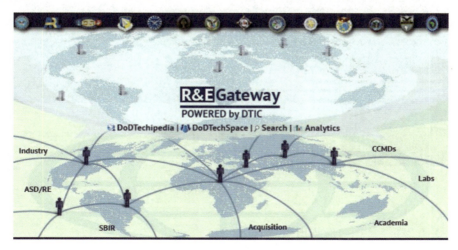

图 3-4　国防部研究与工程门户网站

研究与工程人员能够发现、创建和共享当前及以往的科技信息,进而协调、整合和优化技术开发方法。这使研究与工程团体能够在以往工作的基础上,协作应对当前挑战,避免重复工作,以更少的成本加速装备解决方案的部署。该门户还能辅助决策制定,支持科技机构的管理,用于分析和关联工业部门的独立研发项目。

3.1.2.5　国防技术信息中心网站

国防技术信息中心(DTIC)是向研究与工程副部长汇报工作的国防部现场活动组织,使命是快速、准确和可靠地提供必要的技术研发、试验与评估信息,支持国防部客户的需求,如图3-5所示。国防技术信息中心聚焦于使国防部在科技和装备研发、试验与评估的投资最大化,鼓励在以往研究成果的基础上开展工作,并协调当前研究工作。目前,国防技术信息中心持有超过200万份技术报告、小企业创新研究计划报告,数万份项目进展报告,数千份当前正开展的独立研发项目报告,作战司令部综合优先事项列表,数百篇国防部科技文章。国防部科技预算分析信息可从国防技术信息中心的分析工具(https://cbat.dtic.mil/)中获取,其中包括统一研究与工程数据库及其他来源(如国会预算信息)的科技资助信息;另外,国防技术信息中心还建立了一个可检索的数据库(https://www.dtic.mil),确保用户通过检索快速发现国防部的研究项目和文件。

图3-5　美国国防技术信息中心网站

3.1.2.6　美国政府支出信息网站

2006年4月,民主党参议员奥巴马和共和党参议员科伯恩联合推出的《联邦资金责任和透明度法案》(FFATA)获得通过,该法案也被称为《科伯恩—奥巴马法案》。该法案要求联邦政府向全社会开放所有公共支出的原始数据,包括政府采办合同、公共项目的投资、直接支付以及贷款等明细。其基本理念是建立一个完整、专业的公共支出数据网站,以统一的格式提供可以下载的数据,供公众查询使用。该法案在 2006 年 9 月经小布什总统签署后成为法律。2007 年,根据该法规定,美国政府支出信息网站(USAspending. gov)上线,成为美国联邦政府发布公共支出信息的门户网站(图 3 – 6)。美国政府支出信息网站是个庞大的数据开放网站,不仅可以查看政府采购的具体信息和支出情况,还可以查看招标信息等。通过该网站可以对联邦政府 2000 年以来政府资金使用情况以及 30 多万个政府合同商所承包的项目进行跟踪、搜索,数据每两周更新一次。网站上线之后,受到了美国社会各界的好评,被誉为"政府搜索引擎"(Google for Government)。

图 3 – 6　美国政府支出信息网站

3. 1. 2. 7　InnoCentive 众包平台

除了以上网站平台,美国很多专家还建议使用社交媒体和线上资源来征集需求方案,如 LinkedIn、Facebook 等社交媒体,通过这些渠道可以找到特定的科技群体,非传统创新者可能就在其中,向这些群体发布需求有助于从那些不响应传统征集渠道的创新者那里获得解决方案。另外,还可利用类似 InnoCentive 的众包网站寻求创新想法。从这些渠道可能会得到一些非常有前景的解决方案,也可能收集到大量不现实或不可行的方案。

美国 InnoCentive 公司创立于 2001 年,是化学、生物等多个领域科研供需衔接网络平台。技术寻求者与 InnoCentive 签约,交付一定费用后才能注册并发布需求,目前该平台服务的客户既包括波音、杜邦和宝洁这样的大公司,也包括 NASA、空军这样的政府部门。技术解决者可自由查看网站发布的需求,免费注册后可递交解决方案,目前该平台已有来自近 200 个国家 35.5 万名解决者注册。InnoCentive 作为中介,主要发挥了把关和经纪、需求表达、知识加工和组合、预测和诊断、知识产权保护、方案评估、管制和仲裁等功能。InnoCentive 雇员主要是各技术领域的专家,负责与需求方沟通,帮助需求方分析其所面临的难题并准确描述,以吸引解决者的关注。最终发布的技术挑战内容包括相关要求、截止日期、为最佳解决方案提供的奖金额度等,需求方的名称及相关信息将视情况保密,其工作流程如表 3-1 所列。2020 年,InnoCentive 公司被另一创新管理平台 MaZoku 收购。

表 3-1 InnoCentive 工作流程

第一阶段 构思和发布挑战		
1. 构思挑战 ● 需求方与 InnoCentive 雇员一同分析问题 ● InnoCentive 帮助形成挑战描述	2. 需求方专家审核 ● 规范化的信息公布渠道 ● 合法化、专业化、商业化的挑战	3. 发布挑战 ● 需求方专家最后审核 ● 明确挑战的评价标准 ● 明确期限、悬赏金额
第二阶段 解决者获取信息		
1. 阅读摘要 ● 全球任何人可以看到 ● 公共信息 ● 报酬吸引 ● 某一挑战只有部分解决者感兴趣	2. 看到概述 ● 只有注册的解决者能看到 ● 不涉密的内部信息 ● 解决者自主决定是否参与 ● 某一挑战也许无解决者参与	3. 签署协议获取细节 ● InnoCentive 解答相关问题 ● 签署保密协议,提供挑战具体细节 ● 匿名保护 ● 解决者内部交流 ● 少数问题解决者
第三阶段 提交方案及颁发奖金		
1. 方案提交和预审 ● 解决者递交方案给 InnoCentive ● InnoCentive 按公开标准进行预审和初步筛选	2. 方案筛选 ● 需求方组织专家审查和选择最佳方案 ● 需求方撰写审查报告并反馈通知解决者	3. 授权和奖赏 ● 解决者审查并授予方案权限 ● 解决者转移或许可知识产权 ● InnoCentive 确保奖金的支付

InnoCentive 按照需求方问题的成熟度,将挑战分为四类:①创意挑战,旨在利用全球智慧获得问题的突破性解决方案;②设计挑战,最终成果为可行性设计,不涉及实践;③实践挑战,要求解决者在非商业范围内提供原型,将创意转化为实践,进行演示验证;④寻找潜在合作单位,针对解决方案较为成熟的技术或

业务问题。前三类挑战是非商业范围内的合作，解决者提供方案报告或原型并获得奖励，方案报告的价格在 1 万～2 万美元，涉及原型的价格在 3.5 万～10 万美元；如果涉及知识产权许可或转让，相关费用由双方进行协商。在第四类挑战中，解决者与需求方往往直接签署商业合同。InnoCentive 平台发布的挑战，在成功获取解决方案后会在第一时间予以宣布，如果得到许可还会公开解决者的信息。InnoCentive 会为成功的交易向需求方收取一定的费用。

3.1.3　促进对接成效的举措

通过网站发布需求信息只是需求对接的第一步，要想有效地进行对接，还需要需求方与供给方在线下交流，甚至是进行产品的展示和演示。在交流互动中，供给方可以更加明确需求方的要求，而需求方也可从供给方那里获得宝贵的意见，并及时地调整需求。

（1）进行需求对接交流。

首先，美国国防部在发布招标书后数日内组织工业日，由项目经理会见潜在的合作伙伴，并向他们详细介绍项目期望效果；同时，加强合作伙伴之间的交流，为他们组建合作团队提供机会。对于科技创新项目，国防部尤其鼓励来自不同研究机构（如企业、大学、联邦实验室、非营利组织等）且具有类似或互补兴趣的专家进行合作。其次，申请者在提交最终方案前可先提交摘要，项目经理会在半个月内给予反馈，告知其是否对该方案感兴趣，以避免申请者浪费不必要的时间和精力。但对于反馈负面的方案摘要，申请者仍可以提交完整方案，对摘要的审查结论不影响对最终方案的审查。最后，申请者可通过特定的项目邮箱咨询资质、利益冲突等问题。项目经理在发布招标书后，根据企业反馈不断修正招标书，如有的技术开发成本难以估算，企业将这个信息反馈后，项目经理可能删掉招标书中有关估算该技术开发成本的要求。

（2）邀请企业展示技术和产品。

美国国防部还经常邀请企业介绍其技术和产品。例如，海军组织年度"先进海军技术演习"（ANTX），进行特定技术领域或新兴作战概念的演示验证和实验。该演习没有为实验活动编制程序化脚本，鼓励技术人员和作战人员探索可替代战术及技术。参与者可从政府技术人员和作战人员那里获得反馈。2022年 9 月，海军信息战中心在查尔斯顿国家网络空间靶场（NCRC）举行"拒止、降级和断连环境网络空间防御（网络）先进海军技术演习"（Cyber ANTX 2022），旨在确定技术并制定策略，以支持海上系统的防御性网络行动。演习主要探索利用岸上团队同时响应多艘舰船网络事件的技术,重点关注拒止、降级和断连环境下的网络空间防御。本次演习共收到 29 项技术提案,吸引了 100 多名评估员、合作伙伴和专家参加。2024 年,美国国防部组织 3 次"全球信息优势实验"计划,通过挑战赛等方式引入更多供应商,为实验注入新的思路和技术力量,以不断完善和优化联合全域指挥与控制能力。

(3) 组织专门的技术研讨会。

2020 年 8 月,DARPA 举办第三届"电子复兴计划峰会暨微系统技术办公室研讨会"。该研讨会汇集了来自微电子生态系统(包括政府、军事部门、学术界及工业界)的领导人,旨在促进合作并分享 DARPA 为推动美国半导体产业发展所实施的为期 5 年、总额 15 亿美元的"电子复兴计划"进展情况。2022 年 4 月,美国国防部常务副部长希克斯、负责工业基础政策的助理部长黛博拉在国防大学,召集 130 多名军工企业高管举办工业界圆桌会议,就公共和私营部门之间开展技术合作、培养未来技术人才、发展关键新兴技术等事宜进行研讨。2023 年 7 月,DARPA 举办"协作知识管理"高级研究概念网络研讨会,探索自动化管理技术,帮助分析师和决策者在各系统复杂而相互依存情况下,获取信息并保持态势感知能力。2024 年初,国防创新小组举办技术峰会,介绍"复制器"计划最新进展,协调潜在合作对象推动计划实施。该计划瞄准中国在印太地区的"舰艇、导弹和兵力规模优势"以及"反介入/区域拒止"能力,明确在两年内采购和部署数千套全域低成本自主系统。

(4) 组织或参加各类展会、会议和协会活动。

这些活动为探讨军事需求、发布新需求、引入成熟的商业技术提供了很好的机会。例如,2019 年 1 月,国防创新小组三个团队参加了 2019 年国际消费电子展(CES 2019),接触了行业领先的企业家和风险投资商,收集到了第一手市场情报。2024 年 6 月,国防部在五角大楼举办"制造技术计划"展览,展示了由制造创新机构支持的、用于加速国防创新的一些技术项目,包括 3D 打印超燃冲压发动机、提取乌贼触手上的蛋白质制造的先进材料。"制造技术计划"旨在加速国防制造技术从实验室发明到工业运用的转化,降低相关武器系统的采购和维护成本,缩短制造和维修周期。制造创新机构在政府部门、私营企业和学术界之间搭建伙伴关系网络,凝聚各方力量,推动增材制造、光子等领域技术的发展。

(5) 借助中介促进需求对接。

美国国防部与州或地方政府、非营利机构签署中介协议或成立创新中心,以寻找和联络工业界、联邦实验室和学术界的合作伙伴,从而发现和开发创新性解决方案,解决国防部面临的难题。《美国法典》第 15 卷第 3715 节授权政府机构与非营利机构签署合作伙伴中介协议(Partnership Intermediary Agreement,PIA),代表政府促进与学术界和工业界的合作,以加速技术转移和许可。2023年9月,国防部提供近2.4亿美元经费,设立8个微电子共享中心,旨在加速技术"从实验室到工厂"的过渡,弥合研发和生产之间的"死亡之谷";其重点关注微电子开发、战术边缘与物联网安全计算、人工智能硬件、5G与6G及量子技术。8个微电子共享中心包括东北微电子联合中心、硅十字路口微电子共享中心、加州国防战备电子和微型设备超级中心、宽带隙半导体集线器商业中心、西南先进原型中心、中西部微电子协会中心、东北地区国防技术中心、加州-太平洋-西北人工智能硬件中心。2025年1月,美国海军空战中心赫斯特湖航空分部与罗文大学工程学院签署合作伙伴中介协议,共建"自由技术桥",以加强与新泽西州学术机构、小企业和州政府机构的合作,寻找"伟大的想法"解决海军面临的作战问题。

3.1.3.1 建立创新联盟进行需求内部对接

这是国防部与工业界(大、小企业,传统、非传统企业)、非营利机构、研究机构以及学术院所之间合作的一种形式。创新联盟对任何美国实体开放,成员数量可多至500家。一个创新联盟通常专注于特定技术领域的问题,并由一家非营利机构负责管理(相当于政府与联合体成员之间的主要中间人),后者将与某个政府机构合作确定需求,并将其传达给联盟成员,同时协助成员制定方案和合同。下面以"美国造"和"其他交易"联盟为例展开介绍。

(1)"美国造"制造创新机构。

"美国造"是美国国家制造创新网络中18个制造创新机构之一,由国防部牵头组建,空军研究实验室负责监管,旨在促进美国增材制造技术的发展和应用。2012年8月,美国国家国防制造与加工中心竞得"美国造"管理运营协议,承担会员招募、项目管理、预算管理、技术和工程保障、活动组织、外部宣传和关系维护、网站运营等工作。

美国国家国防制造与加工中心是2003年在宾夕法尼亚州布莱斯维尔成立的非营利机构,法律形式是依据美国税法第501(2)(3)条款成立的独立法人。这类机构在成立和解散时需经政府批准,从事利他的、为了社会与公众的公益事业,接受政府的严格监管并享受税收优惠。其宗旨是振兴美国制造业、推动国防制造业发展,主营业务涉及增材制造、自动化、常规加工及检测、测试与质量保证。截至2025年3月,该中心拥有雇员67人,其中领导层7人、成员60人,负责协助国防部管理制造技术计划,组织制造技术交流会,整合各方力量和资源开展制造创新项目。2023年,中心收入8206万美元,其中政府资助占95%、会员费占3%;支出8443万美元,其中分包合同费占65%、"美国造"成本分摊费占4%、薪资和福利费占12%、物资和小型设备采购费占7%;固定资产价值2447万美元,没有大规模科研生产设施。

该中心围绕平台和项目建立团队,人员交叉任职多个团队,建有25人团队,专门负责管理运营"美国造"制造创新机构。中心还组建了由会员单位专家组成的咨询专家组,为"美国造"重大事项的决策提供建议。"美国造"现有会员292个,涵盖政府部门、政府所属实验室、企业和大学,其中政府部门会员11个,其他会员分铂金(13个)、黄金(44个)、白银(224个)三个等级,每年会员费分别是20万、5万和1.5万美元。中心向会员提供一系列服务,包括提供政府或企业研发资助信息、组织交流和培训活动、提供数据资源和知识产权、领导或组织发起创新项目。根据2019年11月续签的7年协议,中心每年可获得管理运营费1398万美元,其中仅36万美元来自空军研究实验室,另外1362万美元主要来自会员费。

该中心负责征集、评选和拨付"美国造"创新项目,监督项目进展,并定期向政府机构汇报。截至2024年10月共开展了212个项目,这些项目大部分由政府和非政府部门共同出资,少部分由政府或企业单独出资。所开展项目均由一家会员单位牵头,多家会员单位参与。例如,"粉末特性与金属增材制造加工结果相关性的数据库"项目由卡内基梅隆大学牵头,国防部、国家科学基金会、能源部、国家航空航天局4家政府机构共出资95.7万美元,国家标准与技术研究院、美铝公司等16家机构参研并出资95.9万美元。中心建立了知识产权共享机制,会员都能访问"美国造"项目产生的知识产权,铂金和黄金会员还可将知识产权商业化。

(2)"其他交易"联盟。

美国国防部传统的科研和采办机构致力于投资建立"其他交易"联盟,广泛吸纳企业、大学、非营利机构等成为联盟会员,在联盟内部发布特定技术挑战和业务领域的需求,管理和分配资金,以获取新的技术。美国先进技术国际公司、联盟管理组织公司等非营利机构,与国防部签订主承包协议,承担联盟的管理和运营工作。

目前,国防部资助了30多个"其他交易"联盟,致力于解决信息战、水下、造船、垂直起降等领域的技术难题。其中大部分联盟为2017年以来组建,如陆军航空器与导弹技术联盟、空军太空事业联盟、海军信息战研究项目联盟。一些早期成立的联盟,近期也趋于活跃,如国家频谱联盟正组织会员单位开发军用5G

技术。下面以空军太空事业联盟为例进行介绍。

美国空军太空与导弹系统中心（SMC）位于加利福尼亚州洛杉矶空军基地的空军采购卓越中心，职责是采购和开发军事太空系统，包括全球定位系统、军事通信卫星、国防气象卫星、太空发射和测距系统、卫星控制网络、太空红外系统和太空态势感知系统。2017年11月，太空与导弹系统中心组建太空事业联盟，负责空间飞行器、有效载荷、发射器和地面站等航天系统样机的研发、试验与鉴定，弥合与商业航天部门之间的鸿沟，以达到利用商业航天灵活性和敏捷性、降低成本、推动技术和能力嵌入、缩短下一代太空技术开发和部署的目标。2020年1月，太空事业联盟获得国防部批准，未来五年经费上限从5亿美元增至14亿美元，以满足美军不断增长的太空技术需求。

最初，空军与先进技术国际公司签署一份为期五年的协议，由后者负责管理联盟并监管价值最高1亿美元的项目。然而，在协议签署不到两年，空军于2019年8月发布信息征询书，为太空事业联盟寻找新的管理者。在找到合适的管理者前，先进技术国际公司仍履行管理职责。根据空军发布的信息征询书，管理者担负以下责任：招募和审查成员；代表成员举办有益的活动，拥有代表成员发言的能力和权力，代表成员制定具有法律约束力的协议，以及为成员提供额外有用的工具；管理空军与成员之间的互动，帮助空军准备样机征集书，促进联盟内部的合作安排。

2020年12月，空军选取国家安全技术加速器（NSTXL）机构作为太空事业联盟未来十年的管理者，期间预计授出价值120亿美元的项目。MSTXL专注于帮助商业公司竞争政府合同，还管理着陆军训练和战备加速器、海军战略频谱任务高级可信系统、国防技术信息中心能源等"其他交易"联盟。目前，太空事业联盟已有600多家成员，其中70%是非传统国防供应商。联盟成员可获得以下好处：一是通过简单和简化的流程获得政府资助；二是获得联合组队的机会，以开展突破性研究和样机研制；三是在政府审查、认证和合同签约流程中获得手把手的指导；四是在太空技术发展、太空事业联盟战略及其执行过程中拥有发言权；五是同政府和行业领军者一起进行培训和交流。

"其他交易"联盟项目征集最大的特点在于，国防部与联盟管理者而不是与具体联盟会员签署项目承包协议，然后再由联盟管理者作为国防部与联盟会员联系的支点，与之签署项目任务协议。联盟经理负责程序的总体管理，全程参与项目招投标、评估、协议谈判和签署、执行阶段的活动，征集程序一般如图3-7所示。首先，国防部确定需求，由联盟经理代国防部向联盟成员发布样机方案征集公告，要求联盟成员在规定期限内提交样机方案白皮书；其次，联盟经理组织国防部人员评估和筛选白皮书,要求入选成员提交详细的样机方案;第三,联盟经理组织国防部对方案进行评估,并与入选成员签署样机协议。其中,白皮书评估标准包括:提出的潜在方案或样机概念是否针对所识别的技术难题;潜在方案能否在国防部环境下实施,并不是所有的商业应用都能用于国防部环境;由公司生产样机是否可行,包括联盟成员是否有经验以及概念或样机能否重复应用;样机是否具有创新性或推动能力提升。方案评估标准除了以上几个方面,还包括经济可承受性评估,即看国防部是否有能力支付样机的研制,企业是否愿意分担研制成本。

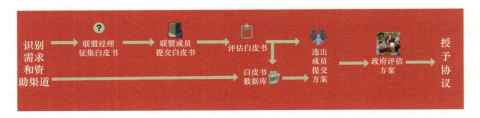

图3-7 "其他交易"联盟协议授出程序

以先进技术国际公司管理的联盟为例,通常情况下,国防部完成项目规划后,先进技术国际公司协助发布招标书、收集竞标方案(先收集和评估方案白皮书,选出合格供应商提交详细方案)并对其进行合规性审查,仅联盟成员可参与竞标,每一联盟成员可独立竞标,也可与其他成员组成团队联合竞标。然后,先进技术国际公司协助国防部进行有关评估,国防部完成方案筛选后,先进技术国际公司协助双方谈判确定协议条款。最终,国防部授予先进技术国际公司"其他交易"协议,该公司再向中标会员授出任务协议。某些时候,国防部也可在不重新发布招标书的情况下,在联盟成员之间提议新的合作关系,以更好地完成项目目标。在先进技术国际公司管理的"其他交易"联盟模式下,项目从招标到启动一般可在90天内完成。

先进技术国际公司在下达任务时会与联盟成员签署任务协议,这类协议遵循固定模板,内容包括:定义;协议的范围和管理;行政管理信息与订单优先序;协议官技术代表;一般性条文;协议行政管理官职责;协议条款;条文终止;扩展条款;修订条款;政府产权;样机检查和接收;联盟行政管理;商业财务管理系统标准;记录留存和获取;争议和责任;报告要求;交付物;行政管理标准;拨款和支付;非传统国防供应商或成本共享;追加资助条款;支付指令;资助管理系统与数据统一编码系统要求;拨款和账户信息;监察官获取项目记录;数据权和产权信息;发明和专利;安全保密要求;网络安全和信息保护;出口管制和外国技术获取限制;信息披露要求;反垄断要求;其他适用的法律和法规。联盟经理可根据实际情形,选择适用的条款与联盟成员签署任务协议。

3.1.3.2 设立专项计划和机构辅助供需对接

美国国防后勤局(DLA)小企业办公室联合州、地方政府和非营利机构管理了一个全国性质的"采购技术辅助计划"(PTAP),以扩大有能力参与政府合同企业的数量。该计划于1985年在国会授权下设立,由国防后勤局、州和地方政府、非营利机构提供资金支持,在美国50个州、华盛顿特区、波多黎各和关岛都设有采购技术辅助中心,另外还有一些专门帮助印第安土著和阿拉斯加土著的辅助中心。这些中心帮助企业寻求和履行国防部及其他联邦政府部门、州和地方政府、政府主承包商的合同,支持企业注册联邦政府资助管理系统、发现潜在的商业机会、理解政府需求并准备投标书。"采购技术辅助计划"具有开放性,任何州和地方政府、非营利机构都可申请参与。根据2016年5月发布的计划说明,国防后勤局将与合作的州和地方政府、非营利机构签署联合投资协议,要求合作部门建立一个采购技术辅助中心,并与国防部和其他联邦机构紧密合作,主动寻找和帮助小企业。具体而言,采购技术辅助中心必须完成需求宣传、咨询服务、政府法规和出版物更新等工作,提供的服务不包括:一般的业务培训或小企业发展咨询,如贷款、ISO 9000标准、租借、六西格玛管理等相关业务;帮助个人创办一家新企业;为企业利益或代表企业,向政府出售产品;职业生涯及相关培训。2019年,采购技术辅助中心帮助5.4万家企业获得超过280亿美元政府主包和分包合同。

美国《2020财年国防授权法》要求将"采购技术辅助计划"由国防后勤局转移至采办与保障副部长办公室下属的工业基础政策助理部长办公室。2023年,工业基础政策助理部长办公室将该计划更名为APEX加速器,宗旨是帮助更广泛的企业获得国防部的合同,以建立一个更加强大、更可持续、更具韧性的国防供应链。目前,APEX加速器设有90多个分支机构、300多个地区办公室,拥有600多名专职采购人员,为企业承担国防任务合同提供帮助。

3.2 欧洲国防科技需求对接机制

欧洲重视国防科技需求的有效对接,一般通过欧盟和国家两个层面加强国防科技需求的对接,借助信息日、发布会、创新竞赛、专门机构和平台等方式促进国防信息的沟通,引导各类承包商参与国防科技创新。

3.2.1 通过信息日、发布会等方式促进信息沟通

近年来开展的活动主要有信息日、发布会、卖场活动、创新论坛、技术展览会等形式。此外,英法德等国还通过组织一对一会议、技术交流会等方式,促进军事部门与供应商之间的交流和需求对接。

3.2.1.1 防务研究预备行动计划信息日

2019 年 4 月 11 日,欧盟委员会和欧防局在布鲁塞尔组织年度防务研究预备行动计划(PADR)信息日,向企业、研究机构及其他感兴趣的利益相关者介绍计划详细情况,告知参与规则和条件,明确招投标门户网站的使用方式。此外,欧防局还组织企业对接会,允许参会者交换意见并寻找潜在合作伙伴。

欧盟委员会和欧防局在信息日上主要征集以下三个主题的项目:①主导电磁频谱,预算 1000 万欧元,将资助 1 个项目,开发高性能紧凑轻型射频系统,要求同时具备雷达、通信和电子战功能,可集成到不同平台使用;②新兴游戏改变者,预算 750 万欧元,将资助 5 个项目,分别是拒止和竞争环境下使用的自主定位导航授时系统、所有军事能力域都可用的人工智能技术、量子技术国防应用、低成本远程精确打击和单兵能力强化;③无人系统,预算 150 万欧元,资助 1 个项目,开发军用无人系统的互操作标准。

2021 年 10 月,欧防局宣布,由防务研究预备行动计划资助实施的"海洋 2020"项目已经完成。该项目分别在地中海(2019 年 11 月)和波罗的海(2021 年)进行了海试,两次海试均使用了 12 型不同的无人系统,这些无人系统通过安装多种传感器,证明了巡逻、监视、识别和威胁分类的能力,项目成果将大幅增强欧盟成员国在海上态势感知和士兵防护领域的能力。

3.2.1.2 国防研究信息发布会

英国国防研究采办机构每年都召开"国防研究信息发布会",利用一天时间向参与装备建设的机构和人员介绍国防研究计划和装备建设需求,特别是重要的预研项目和计划,同时也为各个领域的研究人员研讨和合作提供机会。英国国防部每两周出版一期项目指南,使公众和承包商可以了解国防需求。该指南不仅提供详细的项目要求、联系方式,还包括未来可能的采购信息、附加的各种

声明、国防部相关报告等内容。

3.2.1.3　国防创新论坛

2018年11月22日，法国国防创新局举办的首届国防创新论坛开幕，论坛为期3天，共展出7个主题160个项目，主题包括明日间谍、明日战争、每日创新、迈向隐身斗篷、为人类创新、超越地平线和国防创新，涵盖了军用和民用创新项目成果。

该论坛是法国国防创新局成立后首次开展的大型活动，展出的众多项目中，有5项值得注意：①仿生假肢系统，首次集成了腿、膝盖、脚踝和脚，用USB插头充电，电池电量能持续一周；②车辆隐身，将摄像机和车辆外壳接入计算机网络，拍摄并分析周围环境图像，在外壳生成类似实际环境的颜色和纹理，以实现车辆在可见光和红外光谱中的隐身；③自动图像分析，将人工智能技术用于场景检测和分析，自动识别和分类具有一定特征的对象，如坦克、战斗机；④可穿戴安全气囊，将一种泡沫状材料放在防弹背心下面，以消除子弹的冲击力；⑤快速响应医疗包，重8千克，仅需五秒钟就能打开，露出一套完整的医疗包。

3.2.1.4　技术展览会

法国举办的欧洲国际防务展(Eurosatory)始于1960年，每两年一届，至今已有60多年的历史，是世界第一大防务展会，各国在此展示军事实力，每届都吸引世界各地的军工、防务、安防等企业参展。在2024年展会中，共有来自61个国家的2000多家厂商参展，其中法国参展企业674家，美国和德国分别为165家和137家。展会接待了250个官方代表团，以及超过6.2万名专业观众。2023年6月，法国第七届Viva技术展览会在巴黎凡尔赛展览中心举办，作为欧洲规模最大的科技创新展，共计来自174个国家的2400家企业参展，450位业界专家宣讲，吸引参观者15万人。2023年展会聚焦净零排放、交通振兴、未来工作、包容理念、前沿技术和欧洲数字化等6个主题，瞄准全球科技最前沿推动法国和欧洲创新发展。

3.2.2　通过创新竞赛引导非传统供应商响应国防需求

3.2.2.1　欧防局国防创新奖评选

2018年2月8日，欧防局发起国防创新奖评选活动，旨在鼓励更多企业和研究团体提出开创性的国防技术、产品、工艺或服务方案，满足欧洲国防需求。

这是欧防局首次举办类似的评选活动,主要面向非传统国防供应商,更好地发挥它们在创造颠覆性军事能力上的作用。赛事针对以下两个主题各设置 1 万欧元奖金:一是整合机器人集群概念,以支持导航和控制领域未来国防能力的发展;二是借助传感器和网络平台,自动监控、检测和识别核生化及放射性威胁的技术。欧洲任何企业和研究团体都可针对以上两个主题提出创新性方案,欧防局在收到方案后联合各国政府的专家组成评估委员会,评选出获奖者。获奖者将得到在欧防局网站、社交媒体和《欧洲防务事务》杂志上推广其创意的机会,以促成不同机构之间,尤其是非传统与传统国防供应商之间的合作。

来自欧洲各国的 24 家公司和研究机构参加了比赛。欧防局组织评审团对每项方案进行评估,于 2018 年 10 月 19 日宣布西班牙纺织研究机构 AITEX 和西班牙信息系统和通信技术公司 Clover Technologies 最终获奖,各获得 1 万美元奖金。AITEX 提出了智能纺织方案,将由电子设备组成的监控传感器和计算模块集成到纺织物中,实现对各种化学战剂的识别和量化。Clover Technologies 公司提出了基于区块链的解决方案,为集群机器人提供具备完整性、保密性和身份可验证的安全通信。

3.2.2.2 英国国防创新挑战赛

英国国防与安全加速器(DASA)主要通过举办国防创新挑战赛的方式,寻找并资助具有潜力的创新项目,广泛吸纳各方创新理念,推动高校、企业和军队之间的合作,共同开发创新性解决方案,推动技术从概念转化为产品,以迅速满足国防需求。国防创新挑战赛的资金来源于国防创新基金和国防科学经费,包括持久挑战赛和主题挑战赛两种。挑战赛主要分为两个阶段,第一阶段广泛征集和论证创新方案,第二阶段筛选出有前景的项目,并采用更先进的想法和技术路径推进项目实施,第一阶段约 20% 的方案能够成功进入第二阶段。2023 年 10 月,DASA 发起 50 万英镑奖金的国防与安全工程生物学挑战赛,旨在利用合成生物学、工程生物学方法解决一系列国防和安全挑战并提高应对能力。该挑战赛关注的领域包括:为军事应用提供电源和储能的工程生物解决方案;抵抗物理攻击、极端环境的生物材料;用于陆地、海洋、空中、太空等环境且集成响应功能的生物传感器。

3.2.3 通过专门机构和平台加强需求对接

(1)设立专门机构推动国防科技创新。

法国为建立军方与工业界的新型合作关系,鼓励企业参加武器装备采办竞争,成立了由国防部武器装备总署、军种参谋部、工业界组成的一体化项目小组,参与采办计划的制定和项目的管理,在设计阶段提出建议,在工业化阶段和生产阶段对质量、可靠性和进度等方面进行把关。2022年7月,英国国防科技实验室与英国国家数据科学和人工智能研究机构艾伦·图灵研究所联合成立国防人工智能研究中心,汇聚企业、大学等专业力量,推动人工智能技术发展。

(2)建立专门平台发布需求信息。

非传统供应商进入政府采购市场遇到的第一个障碍是缺乏有关信息。为了在政府采购中吸引非传统供应商响应国防需求,法国设立了专门的"政府采购网"(www.marchespublicsPME.com),提供了解并响应政府采购项目所需的信息,使创新型企业从中受益。

第 4 章

国防科技资源共享机制

国防科技资源共享机制的核心目的是通过整合各方资源、能力和专业知识,加速创新过程、提高研发效率,并最终开发出先进的国防产品和解决方案。国防科技资源共享不仅涉及创新成果的交流,还包括信息、知识以及实验设施等多方面的合作。美欧等国经过多年的探索与发展,形成了符合本国国情的资源共享机制。

4.1 美国国防科技资源共享机制

美国国防部通过利用民用资源服务国防科技创新,同时高效共享国防实验室、重大科研试验设施等资源,有力保障了国防工业基础和军事实力处于全球领先地位。

4.1.1 创新主体的协同

美国拥有世界上最为庞大且完整的国防科技创新体系,其国防科研力量体现了以政府科研机构为核心、各方面力量广泛参与的基本特征。在国防科技创新过程中,美国政府注意区分不同创新主体的功能定位,引导创新主体从事不同领域的研究。从图4-1可以看出,不同主体承担的国防科研任务也有所不同。

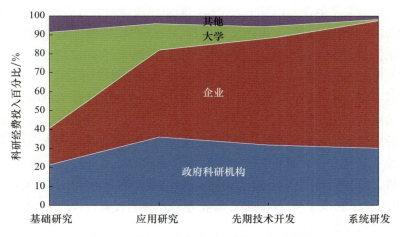

图4-1 美国国防部各类科研任务资金投向

4.1.1.1 创新主体功能定位

(1)政府科研机构。

美国政府所属国防科研机构包括国防部(含各军种)所属实验室、能源部所属国家实验室和NASA的研究中心,主要承担基础性、前瞻性以及多学科综合性研究任务,尤其是投资大、周期长、风险高、企业无力或不愿承担的项目,国防部所属科研机构承担国防部三分之一的基础研究、应用研究及先期技术开发任务。

美国国防部直接管理着 63 个国防实验室,这些实验室正式雇员约 7 万人,其中科学家和工程师约 5.2 万人。它们的功能定位明确,如海上系统司令部 2017 年 12 月发布第七版"作战中心技术能力手册",规定了海军水面战中心和水下战中心需要维持的核心能力。美国国防实验室主要发挥以下作用:

引领国防基础性前瞻性创新。国防实验室既是美国国防科技创新的骨干,又是保障国防科技全面、协调、持续、稳定发展的核心力量。它们不走市场化道路,不参与竞争性国防科研生产任务,得到政府充足的经费支持,能够着眼长远军事需求,超前开展其他机构无力或不愿承担的大规模、高风险、长周期基础性前瞻性研究。

组织全社会力量集智攻关。国防实验室有权与企业、大学、非营利机构等私营部门签署协议,包括采办合同、资助协议、合作协议和其他交易协议。各军种部获得的国防基础科研经费几乎全部由国防实验室进行管理,它们作为国防科技创新的桥梁和纽带,组织规划科技项目,并调动各方力量参与。一方面攻克军事专用技术,另一方面将先进民用技术转化为军用。

保障武器装备的全寿期发展。国防实验室广泛参与装备的研制、采购、部署和保障,甚至支撑作战任务,提供技术咨询、技术评估、试验鉴定等服务。例如,在装备采办过程中,国防实验室参与需求制定、招评标、合同谈判和签订、项目实施和验收等过程,确保装备的先进性,使国防部成为"明智"买家。

培养一流人才,运营大型设施。国防实验室不仅把人才作为资源,而且当成最可贵的科研产出。国防实验室培养和吸引了一批世界顶级科学家,例如,陆军研究实验室共产生或资助 26 名诺贝尔奖获得者、40 余名国家科技奖章获得者。国防实验室运营着一大批世界先进的科研设施,如高超声速风洞、大型水池、超级计算机、同步辐射光源等。这些设施由各军种投资、管理和运营,除服务本军种外,也服务于其他军种、国防部直属业务局及其他政府机构,某些情况下也可供盟国政府和承包商使用。

承担特殊装备和技术研发任务。国防实验室还承担着生化武器及其防御、放射生物学、含能材料及弹药等特殊装备和技术的研发。这类装备和技术具有重大战略性,对投入、安全、保密的要求极高,不宜市场化,私营机构因经济考量一般也不愿承担。例如,陆军埃奇伍德生化中心是美国最重要的非医学生化科研机构,承担烟雾弹、吸入毒理学、过滤科学、生化战、气溶胶物理学等领域的研究任务。

参与实施国家重大科技计划。国防实验室通过参与国家科技计划,发挥国防科研能力与成果的溢出效应。在美国政府实施的"大数据研究与发展计划"

"材料基因组计划""纳米技术计划""机器人计划"等国家重大科研计划中,国防实验室均承担了重要的组织与研发任务。

(2)大学。

在美国 3000 余所大专院校中,参与国防科研的超过 200 所,它们主要从事基础研究,实现为未来军事技术发展储备科学知识和理工科人才的双重目标。据美国国家科学基金会统计,国防部每年约 60% 的基础研究经费拨付给大学,约 11 亿美元。少数大学由于历史原因也承担系统开发任务,如约翰·霍普金斯大学是中小型航天器总承包商,每年从国防部获得近 9 亿美元经费,位列国防部前 50 大承包商之一。美国国防部设立了"大学研究计划""多学科大学研究计划""青年科学家总统奖""大学研究设备计划"等专门的大学资助计划。

美国国防部还资助 13 家大学附属研究中心(UARC)。它们的产权归属大学,与国防部保持长期战略关系,负责维持某个方面的研发与工程能力,每年每家可获得超过 600 万美元资助。国防部为每家 UARC 指定一个部门负责提供资助,并进行五年一次的综合评估,评估内容包括:核心能力与任务定位的相关性、绩效、成本控制和利益冲突规避情况。这些中心可以竞争政府的科技项目,但一般不参与企业对政府合同的竞争。

(3)企业。

美国拥有 1000 多家从事武器系统研制、试验和生产的企业,主承包商及众多骨干军工企业都拥有雄厚的科研实力。例如,波音公司研发机构"鬼怪工厂"有 4000 多名工程师,承担 500 个高科技项目,其下面的"幻影"工作部专门从事先期技术研发;弗吉尼亚先进造船与航母集成中心是美国从事航母设计工作的唯一机构,由弗吉尼亚州地方政府出资建立,纽波特纽斯船厂负责运行;洛马公司设有从事先进项目研发的"臭鼬"工作室。

企业在大学和国防实验室的科研成果基础上,开展偏向武器装备技术开发和产品设计的任务。据统计,企业承担国防部约 45% 应用研究(21 亿美元)、56% 先期技术开发(32 亿美元)和 67% 系统研发(380 亿美元)任务。此外,企业还自筹资金开展独立研发活动,成本可纳入国防部合同的间接成本获得补偿,2018 年五大军工巨头独立研发投入共计 42 亿美元,包括基础研究、应用研究、技术开发或系统方案研究。

美国国防部还一直支持小企业针对国防需求开展研究。1982 年,美国国会通过了《小企业创新发展法》,建立"小企业创新研究计划"(SBIR),要求联邦政府机构中,凡年度研发费在 1 亿美元以上的部门,要按一定比例向该计划拨出专款。1992 年通过的《小企业研发加强法》,建立小企业技术转移计划(STTR),要求部分联邦政府机构资助小企业与非营利机构在有商业前景的项目上开展合作研发;小企业可拥有政府资助项目产生的知识产权。

美国国防部小企业创新研究计划自设立以来,经费不断增长,从 1983 财年的 0.17 亿美元增加到 2009 财年的 12.23 亿美元,2018 财年达到 11.66 亿美元,如图 4-2 所示。仅 2016 年到 2022 年 5 月,共有 15664 项小企业创新研究项目授予 3925 家公司,总额为 77 亿美元。从各部门投入情况看,海军部和国防部直属机构是投资小企业创新研究的主要部门,2018 财年它们的投资额占国防部总投入的约 60%,其次是空军部和陆军部。根据美国小企业管理局 2024 年发布的《2022 财年小企业创新计划和小企业技术转移计划年报》,2022 财年国防部小企业创新计划经费达到 21.46 亿美元,其中空军部 10.68 亿美元、海军部 3.93 亿美元、陆军部 1.45 亿美元、国防直属业务局 5.4 亿美元。

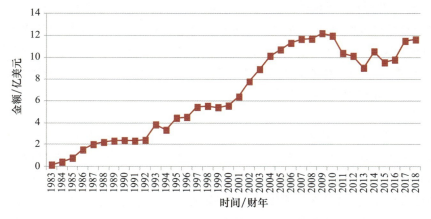

图 4-2 美国国防部小企业创新研究计划经费变化情况

(4)非传统供应商。

美国学界和政界通常以"非传统供应商""商业企业"或"私营部门",指称此前较少或没有参与国防部项目的单位。这些称谓的含义和范畴细究起来不尽相同,例如:非传统供应商除包括商业企业,还包括不常与国防部合作的大学;商业企业指的是在自由市场中销售民用产品或服务的企业;从所有权角度进行界定,私营部门指非政府所有的商业企业或私立大学,严格意义上包括五大军工主承包商在内的绝大多数企业在美国都属私营部门。

美国联邦政府从采办管理角度对"非传统供应商"进行界定。根据《美国法典》第 10 卷"武装部队"第 2302 款规定,非传统供应商指:"至少一年未与国防部有业务往来的实体,包括:①未参与符合《美国法典》第 41 卷'公共合同'第

1502款规定的《成本会计准则》(CAS)的任何合同或子合同;②未参与成本或定价超出认证上限的任何合同。"从该定义可以看出区分传统与非传统供应商的两个重要标准,即《成本会计准则》和认证成本或定价数据。

实践层面,非传统供应商包括商业企业、军工企业商用部门,以及较少参与国防业务的非营利机构和大学。其中,商业企业是最主要的非传统供应商,按规模大小划分为小企业和大企业。1953年,美国联邦政府建立小企业管理局,制定小企业标准和审查程序,截至2023年美国共有3327万家小企业,占美国企业总数的99.9%,其中612万家属于雇佣人员的小企业,如表4-1所列。美国小企业的标准因行业而不同,大部分行业不超过500人,有些行业标准会上调,如从事飞机、飞机发动机及发动机零部件研发和制造的小企业标准是雇员不超过1500人,从事制导导弹、火箭及其推进单元和零件研发的不超过1300人。美国没有中等企业这一概念,不归属于小企业就算作大企业。

表4-1 美国各类小企业数量及占比

小企业类型	占比
居家企业	52%
特许经营企业	2%
独资企业	73.2%
有限公司	19.5%
雇佣人的企业	18.4%
不雇佣人的企业	81.6%

严格区分传统供应商和非传统供应商实际上非常难,一般认为军工企业属于传统供应商,然而美国几乎所有军工企业都不只从事国防业务。以波音公司为例,波音国防销售额在总销售额中所占比重仅38.4%,按照大多数定义,波音国防业务部门,即防务、空间与安全集团属于传统国防承包商,但在总销售额中占比超过60%的波音商用飞机公司却不是传统国防承包商。因此,波音公司内部既有一个传统供应商实体,又有一个商业性质的实体,后者应归属于非传统供应商。

4.1.1.2 DARPA创新力量协同

美国国防高级研究计划局(DARPA)成立于1958年,60多年来一贯奉行"阻止技术突袭,施以技术突袭"的宗旨,孕育了精确制导武器、隐身技术、无人机等众多改变游戏规则的重大国防科技成果,并为非国防领域输送了互联网、自动语音识别、砷化镓等大量技术，强化了美国在世界国防科技领域的绝对优势。作为科研管理机构，DARPA自身没有科研设施，主要利用企业、大学、国防实验室等各类科研力量开展研究，因此雇员并不多，共有219名雇员，其中项目经理95名，管理着约250个项目，年度经费超过40亿美元，聚焦生物、新材料、微系统、人工智能、网络安全等领域颠覆性技术的发展。

DARPA研究领域不受军种限制，既开展跨军种项目，也投资各军种尚未意识到、不愿或无力开展的高风险技术。为推动技术成果转化，DARPA与军方部门建立了紧密的合作关系，包括与各军种互派联络官以增进彼此了解；联合军方部门建立项目转化办公室，DARPA远程反舰导弹在向海军和空军转化时就采用了这种方式；制定军种实习生项目，由军方挑选青年人才到DARPA实习，加深军方对DARPA项目和业务流程的理解；选取合适的军方部门作为DARPA项目合同的"代理"，参与合同招标、评标、签订和进度监督工作，为其在项目成熟时接手项目打下基础。

项目经理是DARPA创新的灵魂，被称为"疯狂科学家"。DARPA不受政府文职人员招聘制度限制，有权向学术界、工业界、政府或军队等部门，不拘一格选用项目经理。项目经理首先需要具备创造力、追求卓越和冒险的精神，其次还需要一定的技术专长和沟通斡旋能力。项目经理是DARPA创新项目的提出者、设计者、组织者和管理者，被赋予充分的自主权，能够发起项目、设定里程碑节点、选择研究方案和供应商、确定资助金额等。

根据美国国家科学基金会统计，DARPA科研经费的三分之二投向企业。DARPA可不受采办、合同、知识产权等方面部分法规的限制与各类企业开展合作，降低了科研准入门槛。大部分项目都采用方案招标书公开募集研究方案，并在招标书发布后组织"提案者日"，由项目经理向潜在合作伙伴介绍项目预期效果，同时加强科研机构之间的交流，提供组建联合团队的机会。此外，DARPA还通过挑战赛、"众包"等形式为全球技术创新者提供施展才华的机会，如将普通平板电脑加密技术用于近距空中支援；组织网络挑战赛，创造比人更快识别网络攻击并做出响应的自主防御系统。

DARPA大部分项目都是短期的，没有长期、进展缓慢的项目。同各军种科技项目相比，DARPA项目较多、单项资助额较小，绝大部分项目由多家科研单位参与完成，其中非传统供应商的参与程度明显比各军种项目高；DARPA每个项目平均签订8份协议，涉及多家单位。在预算使用方面，DARPA并不严格区分基础研究、应用研究和先期技术开发预算，同一项目既可能含有基础研究资助部分，也可能含有应用研究或先期技术开发资助部分，DARPA基础研究投入均面向实际应用问题。

DARPA 动用全社会各类科研力量开展研究,尤其是那些不常与国防部打交道的大学或企业。2015 年 9 月 9 日至 11 日,DARPA 组织召开"等什么,是什么"未来技术论坛,研讨对国家安全有重大影响、能彻底改变人类生活方式的技术,分析它们的范围和属性、应用潜力、应用瓶颈,与会人员主要是来自工业部门、高校、非营利组织、政府部门的 1200 多名科学家和工程师,其中企业人员占比 2/3,未与 DARPA 合作过的人员超过 50%。论坛主旨是向科学家和工程师征集需重视和支持的未来技术,并鼓励他们运用专业知识服务国家安全和大众,重点研讨物理、信息科学、工程和数学领域当前和未来数年乃至数十年的发展,揭示潜在、有吸引力的技术途径,并促进参与者间的协作。

DARPA 项目的组织方式具备以下特点:①同时资助多个项目方案,以降低单个方案失败的风险;②将方案分为多个阶段,每个阶段结束后进行里程碑审查,只有通过审查的项目才会进入下一阶段;③各阶段设定若干技术任务,随项目推进各技术任务逐渐融合,项目承包商也会随之调整,每个技术任务也可能资助多个技术解决方案,以降低单个方案失败的风险;④设定主承包商,每份合同通常涉及多家参研单位,将合同授予主承包商有助于管理众多参研单位。

以 DARPA "电子复兴"计划为例,该计划由 DARPA 微系统办公室牵头,相关工业企业和大学共同参与,围绕材料与集成、系统架构、电路设计三大支柱领域开展一系列创新性研究。在材料与集成领域,探索在无需缩小晶体管尺寸的情况下,通过使用新材料,加快逻辑电路中的数据存储速度、降低系统功耗,解决现有集成电路性能难以提升的瓶颈;在系统架构领域,创建可重构的软硬件系统以及通用编程架构,通过软硬件协同设计构建专用集成电路;在电路设计领域,探索新的集成电路设计工具和设计模式,以较低成本快速构建专用集成电路。"电子复兴"计划包括三类项目:一是 DARPA 在研项目,二是由大学主导的"大学联合微电子"(JUMP)项目,三是由工业界主导的"第三页"(Page 3)项目。其中,"大学联合微电子"项目聚焦基础研究,提供 2025—2030 年所需的基于微电子的颠覆性技术。项目于 2018 年 1 月启动,研究周期五年,由 DARPA 与非营利性的半导体研究公司(SRC)合作,招募 IBM、英特尔、洛马、诺格、雷声等公司组成联盟,共同出资超 1.5 亿美元,其中 DARPA 出资 40%。半导体研究公司负责项目的组织实施,围绕六个重点技术领域面向全美大学及研究机构征集项目提案。入选团队将组成六个研究中心,每个中心 16~22 个研究人员,年度经费 400~550 万美元。中心分纵向和横向两类,纵向聚焦应用研究,横向聚焦学科研究。"电子复兴"计划采用基础创新和产业发展相结合的思路,研究成果将保障美国电子信息系统与装备保持绝对技术优势,并为美国未来经济增长及提高商业竞争力提供先进的电子信息技术和处理能力,将对全球电子信息领域发展产生深远影响。

4.1.2 人才培养与使用

美国国防部历来重视人才培养与交流,近年来更是采取一系列举措,强化理工科人才培养,广泛吸纳外部创新人才。美国《21世纪国家安全科技与创新战略》提出:加强国家安全部门与教育部门的合作,通过提供教育资金、奖学金、实习和培训机会,培养所需人才;加强跨部门人才交流和技术互用,修订解决员工和机构间利益冲突的法律法规;营造广泛交流、便于互动的环境,向科学家和工程师提供创业机会和奖励。

4.1.2.1 人才培养

理工科人才培养是美国国防部人才培养的核心内容。当前,美国国防部面临理工科人才"断档"风险。2020年底,美国战略与国际研究中心发布《投资人才形成竞争优势:留住国防部技术人才》报告,指出国防部理工科人才流失的原因包括:招聘程序冗长且不透明、招聘计划对岗位技能要求描述不清、设施陈旧且管理规章制度严苛、人才竞争与选拔机制不透明不公平、技术人才职业发展壁垒高且难以晋升到高级管理层等。里根研究所还提出本土理工科人才的缺乏也是导致国防部人才问题的原因之一。为此,美国正在采取多方面措施,维持和培养国防科技人才队伍。

美国国防部理工科教育的愿景是"建立一个富有创新思维、多样化思想和技术能力的理工科人才池,以维持国防部的竞争优势",任务是"通过向教育领域的延伸,吸引、激发和发展卓越的理工科人才,以丰富当前及未来国防部的人才队伍,应对国防技术挑战"。理工科教育还得到了国防部最高领导层的关注。2015年3月,时任国防部长阿什顿·卡特表示:"国防部的科学家和工程师开展了前沿技术探索,如机器人和生物工程,也正是他们拯救了非洲成千上万条生命,帮助防止埃博拉病毒扩散到全球。我承诺推动改变,以培养未来力量来服务和捍卫国家安全。"2015年5月,时任国防部负责采办、技术与后勤的副部长弗兰克·肯德尔称:"我们实验室和国防工业的科学家与工程师是国防部技术优势的基石,我们的力量来自我们的人民。理工科领域的卓越和创新对国家安全及国家经济繁荣至关重要。"

美国国防部在联邦理工科教育战略规划中扮演着重要角色。美国国家科技委员会理工科教育分委会2013年的一份报告指出,投资理工科教育对国家及经济的发展至关重要,理由如下:未来几十年,理工科人才需求将超过预期的供应;在对33个经合组织国家进行评估后发现,美国K-12(从幼儿园到高中)教育体系及其培养出的学生处于中等水平;未被充分代表群体(女性和少数族裔)参与和完成理工科教育的程度低于预期。联邦理工科教育5年战略规划要求国防部等部门,根据各自的定位、需求和资源制定教育计划,充分利用已有的资产和专业知识,开展跨部门协作。该报告还要求各部门制定战略,所定目标要能够支持联邦理工科教育战略目标的实现。联邦目标包括:2020年前培养10万名优秀的K-12理工科教师,支持现有理工科教师队伍,提升理工科指导水平;保持和扩大青少年及公众参与理工科的程度,使每年拥有一次理工科实践体验的青少年数量增加50%;未来10年,获得理工科学位的大学毕业生增加100万;更好地服务于历史上未被充分代表的群体,增加这些群体理工科大学毕业生数目,促进女性参与理工科领域;设计研究生教育以培养未来人才,提供拥有基础和应用研究专业知识的理工科教授,让研究生有机会获得服务于国家重要部门的专业技能,以及在广泛职业领域取得成功所需的技能。

美国国防部认为应对关键理工科挑战是国家重点任务,应采用基于实证的方法加强沟通、激励和培育人才、强调多样性等。国防部各部门已经在投资未来理工科人才池,以满足他们独特的任务需要。国防部制定的战略规划作为总体框架,开发与国防部使命、需求和资源有关的教育延伸计划,这也是建设未来部队、服务和保卫国家所需要的。美国国防部《2016—2020财年理工科战略规划》对标联邦政府目标,确定了五大理工科教育目标和18个子目标。

一是沟通国防部理工科战略的价值和目的以及参与要求。子目标包括:促使国防部高级领导及其他利益相关者认识到理工科项目的价值,将之赋能国防部使命、需求和技术优势,并提供战略支持资源;传播信息以吸引理工科人才与国防部一道制定针对全球挑战的创新性解决方案;加强国防部与其他联邦部门之间在理工科计划和活动中的合作;识别吸引和留住国防部理工科专业人员的现有项目和最佳实践,并在整个国防部共享。

二是激发接受K-12教育的青少年参与理工科教育计划,支持和促进师生参与国防部资助的理工科活动。子目标包括:增加公众对教育及相关活动的知情度;提高导师、设备和活动等理工科资源的质量,实施研究项目,聚焦与理工科教育有关的知识、技能和能力;鼓励理工科教育者,支持国防部科学家和工程师担任学校、实验室和理工科活动的志愿者。

三是培育未来理工科人才池,支持和促进大学生及研究生参与国防部资助的理工科项目。子目标包括:强化国防部针对大学生的理工科项目组合;促进国防实验室和科研设施依托单位为更多理工科学生提供实习机会;通过直接雇佣计划及其他提供给国防实验室和科研设施依托单位的授权,提高高等教育项目的可得性;建立延伸机制使退伍军人了解理工科高等教育;充分利用已有政策,强化理工科导师对学生的培育能力。

四是促进未被充分服务群体参与理工科活动和教育项目。子目标包括:在现有项目和新的项目中采用创新性方法,提高未被充分服务群体参与理工科活动的人数;在未被充分服务群体中加大国防部理工科机会的宣传,提高国防实验室和科研设施依托单位的参与度;扩大对国防部资助理工科教育的宣传,使所有人都能接触到活动机会,编裁特定信息,传播给未被充分服务的群体。

五是提高理工科计划的效率和效用,使用系统性方法收集信息。子目标包括:在教育和合作环境下,实施系统性方法来识别和共享理工科最佳实践;开展项目效率和效用年度评估;编制一份报告指导项目层面的决策。

2021年,美国国防部发布《2021—2025财年理工科战略规划》,确定了四大理工科教育目标和15个子目标。

一是激发社区参与国防部理工科教育项目和活动,为学生和教育者提供有益的理工科学习机会。子目标包括:通过利用国防部、理工科教育生态系统和政府机构之间的合作伙伴关系,拓展公众对国防部理工科教育和职业机会的认知;利用国防部的独特资源,丰富理工科教育项目和活动经验;推动国防部、军工企业的理工科专业人员参加理工科教育和外宣活动;强调国防部现有理工科教育项目和活动的包容性及环境适应性。

二是采取多种教育和职业途径,吸引当前及未来理工科人才。子目标包括:维持国防部专业人员参与理工科领域的人才发展项目、活动和外宣;借助国防部实验室和设施,为高中、本科、高职和研究生阶段的学生提供实习、学徒和奖学金机会;持续充实国防部理工科教育和人才发展项目、活动和外宣,扩大参与途径,增加社会对人才发展机会的认知;鼓励国防部理工科专业人员提供指导以及参与其他与未来理工科人才互动的活动。

三是促进少数群体参与理工科教育和人才发展项目、活动和外宣。子目标包括:衡量当前国防部理工科教育和人才发展项目、活动和外宣对少数群体的有效性;考虑少数群体所面临的障碍,扩大国防部理工科教育和人才发展项目与活动的宣传;识别特定的最佳实践和战略合作伙伴关系,维持并增进少数群体参与理工科活动。

四是通过评价和评估提高理工科教育和人才发展项目、活动及外宣的效率和效用。子目标包括：实施系统性评价和评估方法，开发、完善和收集共同指标，识别并共享最佳实践，获取和监控相关指标，完善对国防部理工科评价工作的沟通；与理工科教育生态系统、政府机构及其他利益攸关方合作，发现基于实证的新兴概念方法，用于理工科教育和人才发展项目、活动和外宣、评价和评估以及沟通；编制并公布反映效果的报告，以指导决策并改进评价和评估方法；利用当前的数据和指标以及成功案例，传达和证明国防部理工科计划的价值，为扩大国防部理工科教育和人才发展计划、活动和外宣提供依据。

此外，美国国防部将理工科人才视为未来科技竞争的核心要素之一，制定实施了一系列计划和举措，以维持高质量科学家与工程师队伍。一是设立资助计划支持和吸引毕业生。如设立"支持变革的科学、数学和研究"奖学金计划向特定领域的本科生或研究生提供全额奖学金，奖学金获得者需在国防部相关机构工作，2021年共有416名奖学金获得者开始在国防部工作；设立"实验室独立研究计划"，允许各军种实验室从年度预算中预留部分资金，无需征得高层部门批准，直接资助博士或硕士研究生完成论文研究，以吸引和留住一流人才。二是加强覆盖多学龄段的国防教育，国防部设有科学、技术、工程和数学办公室，该办公室2021年向亚利桑那州立大学、波士顿大学、加州大学圣巴巴拉分校提供600万美元，用于开发K12教育项目。三是举办课外活动培养学生兴趣。自2009年以来，国防部科学、技术、工程和数学办公室已资助多个团队参加K12机器人竞赛。此外，国防部还与各实验室、工程中心以及高校联合举办理工科夏令营，迄今已举办10次为期5天的夏令营活动，共有1200名初中生参加。

4.1.2.2 人才使用

美国国会授权国防部聘用不超过2500名高质量专家，提供国防部所不具备的专业知识或技能，以满足紧急和相对短期的需求。美国"国防部文职人员管理体系"指令（DODI 1400.25）第922卷将高质量专家分为两类，这两类专家的聘用和使用方式略有不同：一类是能够带来启发性思考和创新的高质量专家，暂时到国防部任职、为短期工作提供支撑；另一类是导师级高质量专家，参与兵棋推演、作战课程、作战规划、作战演习、决策演练，为高级军官、现役人员和学生提供指导、教育、培训和建议。高质量专家原则上应是政府文职和军职岗位之外的人员，其专业技能一般通过私营企业或学术部门的经历获得。除非紧急特殊情况，文职或军职岗位的人员离职后不能立即成为高质量专家，需至少30天的间隔期，并接受任命前的批准审查。导师级高质量专家限制较少，多由前文职或军职人员担任（尤其是退休人员），不需要 30 天间隔期，也不用经过审批。高质量专家的任命不应该通过竞聘，其名额分配通常在奇数年年底进行，当需求增加时，未获得充分名额的部门可申请增加名额。高质量专家不得担任各部门负责人，不得长期任职于国防部，更不能因高质量专家而不设长期工作岗位，不得提供旨在谋求长期任命的暂时雇佣。所有高质量专家提名者应提供书面文档，清楚写明个人资质、能力、工作经历、曾经从事的项目和取得的成效、报酬确定的因素和标准。聘用部门要建立高质量专家和导师级高质量专家的绩效要求，如果表现卓越可提供额外奖金；不遵循常规绩效管理系统，而遵循专门的任命绩效计划；监督者必须监控绩效。高质量专家和导师级高质量专家的雇佣不得超过 5 年，可视情延长 1 年，延长时要提交申请文档；他们按任命官员意愿行事，可随时终止其服务。高质量专家和导师级高质量专家的薪资与劳动市场相应职位的薪资相匹配，并考虑申请人的技能、专业、教育和所从事工作的复杂性进行相应调整，其他考虑因素包括劳动力市场情况、职位类型、工作时间、组织需求、个人资质、退休时职级、经验、预算等。任命官员可根据国防部政策调整高质量专家和导师级高质量专家工资基数。

  同时，美国国防部发起一系列计划和竞赛，利用国内、国际的创新团队或人才推动国防科技发展，包括：启动商业伙伴计划，使创新型企业家有机会到国防部短期工作；建立国防数字部队，招募程序员解决国防部难题；发起"黑掉国防部"计划，邀请 1400 多名黑客查找国防部网站漏洞；举办网络挑战赛，开创自动化网络攻防新局面；海军举办无人水面艇和水下机器人竞赛，汇集多国参赛团队，促进无人舰船技术的进步。

  此外，美国也在积极探索"就地取才"的人才集结新模式。例如，为充分利用美国学术界和商业部门拥有的世界顶级网络安全人才资源，美国作战试验与鉴定局建议国防部建立与网络相关的大学附属研究中心，以提升薪资和工作场所的灵活性，吸引网络安全等新技术人才。

4.1.3 联合投资机制

  自 2012 年以来，美国国防部先后牵头组建了增材制造、数字制造与设计、轻质材料、集成光子学等九家国家制造创新机构。这些制造创新机构由国防部主导设立，但采取了商业化、联盟式的运作模式。融资方式上，早期由政府出资一部分，后期必须自我持续发展；早期筹建资金中，联邦政府与其他来源的投入比例约为1∶1,形成一个5~7年的合资计划;治理模式上,实行以董事会为核心的商业治理模式;项目运作上,聚焦技术前沿,贴近产业要求,按照市场需求决定是否支持项目。

各制造创新机构联邦政府出资总额一般在0.7~1.2亿美元之间,以逐年递减的形式投入。前3年,联邦政府资金主要用于购买设备、启动机构建设和资助基础项目;第4年以后取消启动资金投入,开始资助竞争项目;第5年以后取消设备投入,主要资助基础项目和竞争项目。同时,创新机构需建立可持续的收入模式,主要收入来源包括会员费、服务费、技术转化项目筹资、知识产权使用费、研究合同、产品试制、捐款等,并在5~7年后脱离联邦财政,实现资金上的完全独立和自我发展。尽管美国联邦机构主导了各创新机构的技术领域定位、建立和初步融资,但并不直接领导和干预机构的运作。创新机构的日常管理一般交由一个独立的非营利组织,并要求该组织必须是美国本土机构,具备极强的整合"产学研政"各界资源的能力,譬如"美国造"的牵头机构是美国国家国防制造与加工中心,拥有坚实的技术基础和广泛的合作伙伴,在业内有着较大影响力。

创新机构设董事会,负责中心重大事项的决策。董事会成员来自各个会员机构,"产学研政"各方都拥有一定的席位。此外,董事会还引入以制造企业代表为主的独立董事。执行董事由负责日常管理的非营利组织带头人担任。创新机构设有一个层级分明的合作伙伴体系,"产学研政"各方会员根据自身条件与意愿,参与到不同的合作层级,承担相应的义务,包括缴纳会费、参与技术开发与成果转化的合作、提供科研资源等,并享受相应的权利,包括董事会席位、获取技术和知识产权、使用研发设施等。譬如"美国造"的会员组成,根据捐助的资金或实物分为白金级、黄金级和白银级。

创新机构的资金主要投入到执行技术开发和成果转化的各类创新项目。每个创新机构都会制定各自的技术转化路线图,起点是对领域内先进制造技术进行甄别,终点是将该技术转化为可规模化生产的产品,中间的每一个环节创新机构都会参与,包括:

① 技术甄别。创新机构定期举办由"产学研政"各方成员参与的研讨会,甄别出各种为产业界所需、具有较高转化价值的先进制造技术和工艺,并制定相应的研究与开发计划。譬如数字化制造与设计创新机构,在技术甄别阶段会形成一个研发计划,详细描述当前某个数字化技术领域的开发价值、现状、困难、企业共同面临的问题,以及解决这些问题的方法、步骤等。

② 筹集研发提案。针对所甄别的技术领域,创新机构会发起项目动议,向各个合作成员机构征集研发提案。合作成员机构可自由组队,向创新机构董事

会递交各自的研发提案。研发提案要求包含两个核心内容:研发计划和筹资计划。其中,研发计划包含了具体开发步骤和解决方案、成果转化和商业化方案、配套的劳动力技能提升方案等内容。筹资计划要求详细描述联邦政府和各会员机构如何分摊研发成本。

③ 招标遴选。创新机构通过招标和公开竞争选出最优方案,并给予相应的资助。最优方案往往具备四个条件:一是与美国政府的政策和产业发展重点相一致;二是通过公平竞争脱颖而出;三是由能够代表技术创新链各环节的机构所组成的综合团队来执行;四是建立清晰的、全过程的成果转化路径。据此,创新机构能够挑选出最具有开发和应用价值的前沿制造技术,避免了政府及科研机构"拍脑袋"决策,最大限度地降低技术转化风险。

④ 技术开发和转化。所选定的项目进入技术开发和转化阶段后,创新机构会组织更多会员资源,为其提供所需的智力、材料、设施、试验场地、生产车间等资源。高校和科研机构主要提供智力支持,为技术孵化建言献策。国家实验室提供材料和设施,以及交叉学科和特定领域的专业知识。大企业是承接技术开发的重要平台,除资金支持外,还提供技术转化所需的试验场地和生产车间,并联合中小企业共同探索和开发创新技术的商业模式,使先进制造技术能够快速达到规模化应用。

以美国先进生物组织制备制造创新机构为例。2016年12月21日,美国国防部宣布成立先进生物组织制备制造创新机构,由位于新罕布什尔州曼彻斯特的先进可再生制造研究所(ARMI)领导,包括47家工业界成员、26家学术界成员和14家政府与非营利组织成员。该机构旨在通过多学科协作,加速生物组织的制造以及相关技术的研究、开发和演示验证;将在美国建立一个生物组织制备的端到端创新生态系统,其组织运行方式将允许政府、工业界和学术界走到一起,将先进生物组织制备技术领域碎片化的能力组织起来,面向军民应用,将制造成熟度等级(MRL)从4级(实验室演示验证)提高到7级(典型环境下生产)。国防部分5年向机构投资8000万美元,其中2017—2020财年均为1800万美元,2021财年为800万美元,之后联邦将不再直接进行投资。国防部研究与工程副部长办公室监管该机构,陆军合同司令部阿伯丁试验场分部负责项目招标,陆军医用材料开发组织负责项目管理。

4.1.4 科研设备设施共享

美国科研设施按照先期技术开发、型号研制、试验鉴定三个环节分别由国家为主和企业为主建设与管理,体现了"国家管头尾,企业管中间"的精神。①先期技术开发和试验鉴定设施耗资多、建设周期长,由国家建设。探索新技术所需的各种试验设施,如风洞、缩尺试验台、材料和部件试验台等,数量多,难以产生直接经济效益。②企业承担型号研制试验主责,设施建设和使用灵活多样。以军用发动机为例,企业是型号研制的主体,所需试验设施采取灵活多样的方式解决。一是建设型号研制所需的专用试验设施,如海平面试验台等,资金主要来自型号研制费用;二是采用租用等方式,如高空台等大型设施,一般不自建,利用国家已有设施,如普惠公司研制 F119 发动机时,大量高空模拟和加速任务试验在阿诺德中心进行;三是利用企业出资所建的民用发动机试验设施,如户外环境试验台等。美国企业试验设施数量可观,通用电气、普惠两家公司有大型地面和环境试验台共计 54 座,可并行研制多型发动机。

美国国会授权国防部开放国防实验室的设备、技术和能力,向社会提供有偿服务。例如,《美国法典》第 10 卷第 2539b 条授权提供装备、设备、模型、计算机软件及其他物项的鉴定服务;第 2681 条授权在重大靶场和试验设施基地开展商业试验与鉴定活动;第 7303 条授权海军水面战中心卡德洛克分部开展船型调查,并在船舶试验池为私人伙伴提供试验服务。据美国国防部 TechMatch 网站的公开信息,国防部开放了 1066 个实验设施,其中海军 472 个、陆军 455 个、空军 138 个,包括小型实验室、中心、测试设施和靶场等 39 个类别。美国能源部建造与运行的大型科学装置和设施,也提供给联邦政府、大学、产业界和其他科研机构使用。此外,国防实验室还通过签署合作研发协议,向非联邦机构提供人员、设施、装备或其他资源(不包括资金),联合开展国防相关的研发工作。

美国《国防部财务管理规定》第 11A 卷详细阐述了使用国防部设施和设备的费用和程序。例如,该卷第 1 章罗列了各种可能的费用,包括直接文职雇员工时费、直接军职人员工时费、文职和军职人员差旅费、设备打包和运输费、资产使用费、资产维修费、间接成本等。其中资产使用费旨在补偿国防部设备和设施的折旧及投资回报率,收取的费用如无特殊规定均应以"预算外收入"或"杂项收入"上缴财政部,折旧的核算采用直线折旧法,投资回报率的计算如下所示。针对国防部重大试验靶场和设施,该卷第 12 章指出它们主要用于支持国防部试验与鉴定任务,但也可以为非国防部用户所用。当国防部有关部门使用这些设施时,应缴纳直接成本、间接成本和军职人员成本;当非国防部用户使用时,应缴纳直接成本和间接成本。

投资回报率计算样例

资产采办成本	100 万美元
减去：累计折旧（已使用 5 年，每年折旧 4.5 万美元）	22.5 万美元
资产剩余价值	77.5 万美元
年利率（按 10% 计算）	7.75 万美元

按一年 2080 个小时计算，每小时利率为 37.26 美元。

使用设施的小时数乘以 37.26 美元为用户应缴纳的投资回报率，如 500 小时×37.26 美元/小时=1.863 万美元。

4.2 欧洲国防科技资源共享机制

自 20 世纪 50 年代起，欧洲各国为减轻财政压力，提升资源使用效益，积极推进科技一体化发展。欧洲的科技共享由西欧六国发起，最初只在少数产业进行合作，随着不断融合深化，到 20 世纪 90 年代，欧洲国家在防务和军事技术开发上实现多国联合。欧盟通过整合成员国国防资源，实现了资源相对集中，既避免重复投入，也使得一些大型国防技术项目得以实施，取得了良好效果。

4.2.1 创新主体的协同

4.2.1.1 注重发挥中小企业作用

中小企业具备创新性及灵活性的优势，是众多创新技术的发源地，也是国防工业不可或缺的重要力量。尤其在国防预算紧缩的情况下，发展中小企业供应商成为维护国防工业基础、推动国防科技创新的重要途径。随着民用技术的迅猛发展，欧盟各国意识到，充分利用民用领域的成果和资源为国防工业服务，可以提高资源利用效率，因此采取各种措施，积极扶持中小企业发展，注重发挥它们在国防科技创新中的作用。

（1）对中小企业在国防工业中地位和作用的认识。

中小企业是欧盟经济的重要组成部分。根据欧盟委员会的定义，雇员少于 250 人、年营业额不超过 5000 万欧元，都属于中小企业。其中，雇员少于 50 人、年营业额不超过 1000 万欧元属于小型企业，雇员少于 10 人、年营业额不超过

200万欧元属于微型企业。按照该定义,2024年,欧盟中小企业约2606万家,其中微型企业约2446万家、小型企业约139万家、中型企业约21万家,员工总数超过8500万。据统计,2022年,中小企业创造的营业额达18.77万亿欧元,占欧盟总量的49%,并创造了52%的就业岗位,欧盟把中小企业视作保障欧盟经济增长、创新、就业以及社会融合的重要业态形式。

  欧盟委员会指出,与国防相关的中小企业是技术创新和经济增长的主要推动力,欧洲有2500多家中小型企业在复杂的国防供应链中发挥着核心作用。欧防局《中小企业行动计划》指出,中小企业无论生产国防专用产品,还是生产军民两用产品,都是创新的重要驱动力;它们代表着欧洲国防工业基础的共同特征,帮助它们充分发挥潜力是支持未来欧洲国防工业竞争力的重要途径之一。欧防局《国防中小企业手册》指出,中小企业逐渐加强了对欧洲国防技术和工业基础的参与,在欧洲复杂的国防供应链中发挥着核心作用;中小企业对不断变化的军事需求作出迅速反应的能力,以及开展重大研究、技术和创新活动的能力,得到了成员国和主要承包商的认可。2020年欧盟发布《中小企业战略》,要求减少监管负担,支持市场准入和创业,改善融资渠道,帮助小企业转型。

  英国国防部认识到技术创新是军事能力持续发展的保证,开始调整当前和未来的军事能力,把中小企业作为重要核心供应商。英国《国防工业战略》《国防技术战略》《战略防务与安全审查》都明确了中小企业在技术创新及国防供应链方面发挥的巨大作用。2021年,英国发布了《英国创新战略:创造引领未来》报告,提出将通过建设多元化金融生态、加大税收优惠力度、优化创新成果商业化的环境等举措,进一步释放中小企业创新潜力。德国作为欧盟经济强国和工业大国,在其发布的《工业4.0》《国家工业战略2030》等国家战略中,同样提出在持续强化智能生产的过程中要注重吸引中小企业参与,通过个性化优惠和支持政策,增加其应对未来产业和颠覆性技术创新挑战的能力,尽快让中小企业成为新一代智能化生产技术的使用者和受益者,帮助其实现数字化转型,把握关键技术的自主可控。

  (2)推动中小企业参与国防科研生产的政策法规。

  中小企业是充满活力、成长最快的商业组织,在其技术创新发展过程中,法律法规保护不可或缺。

  欧洲通过立法对中小企业技术创新给予扶持政策,制订了专门的政策法规。2000年,欧洲议会通过了《欧洲小企业宪章》,承诺保证小企业可以得到最好的研究成果和技术。2006年11月,欧盟委员会企业总司发布《扶持中小企业》政策文件,进一步明确对中小企业的资金支持方式。根据该文件,欧盟对企业的资助方式分为四类,即专项资助、结构基金资助、金融工具和中小企业国际化资助。2008年6月,欧盟委员会发布《欧洲小企业法》,进一步承认中小企业在欧盟经济中的中心地位,首次在欧盟和成员国层面制定了扶持中小企业的全面政策框架,确定了扶持中小企业发展的原则。

国家层面,法国1999年颁布了《企业创新法》,并于2006年修订《政府采购法典》,方便创新型中小企业进入政府采购市场;2008年颁布《经济现代化法》,力保创新型中小企业参与政府采购。法国政府通过上述法律直接将部分政府采购预留给创新型中小企业,进一步刺激了中小企业参与政府采购的积极性。德国也出台了《中小企业资助法》,以"提高中小企业研发新产品、新服务和新方法并将其投入市场的潜力"。英国出台《关于支持小型企业市场准入条款的指南》,明确大型项目分包的要求,要求在政府采购中中标的大型企业向当地中小企业进行合同分包,并提供分包商联系信息,确保形成包含中小企业的供应链,提高中小企业参与机会。

在国防方面,欧防局于2013年3月发布《中小企业行动计划》,提出支持国防相关中小企业的措施,包括:与欧盟委员会关于中小企业的工作加强互动,充分利用现有支持工具;为中小企业建立一个门户网站,加强国防合同的信息共享;在大学与中小企业之间建立桥梁,增加中小企业获得国防相关研究与技术的机会;进一步制定中小企业指南和最佳实践,推动中小企业进入国防市场;分享最佳实践,促进最新《国防和安全采购指令》中分包规定的有效落实。2009年10月,欧防局发布《促进中小企业进入国防市场的指南》,并于2015年5月发布修订版,就促进国防相关中小企业获得信息、采购机会和资金渠道向成员国提供了建议。2014年,欧防局发布《供应链行动计划》,确定了支持中小企业的进一步措施。2015年9月,欧盟委员会发布《中小企业获取欧盟两用技术项目资助的指南》,为中小企业承接相关项目提供指导。2016年,欧防局发布《国防中小企业手册》,对中小企业如何简洁有效地进入国防市场提出建议。2018年10月,欧盟委员会发布《欧洲防务基金为中小企业提供的机会》,提高中小企业对欧洲防务基金的认识,提供欧洲防务基金资助机会。国家层面,法国出台了《中小企业国防协定》,德国发布了《对中小企业科技开发的资助方针》《联邦德国订货任务分配原则》等具体政策。

(3)促进中小企业参与国防科研生产的具体举措。

① 设立具体项目计划或专门创新基金,为中小企业提供资金支持。

中小企业在创新效率和周期方面优于大型企业,但创新成本及风险明显超出中小企业承受能力,创新优势难以发挥。为鼓励中小企业技术创新和研发,政府设立创新计划项目或专门创新基金,以扶持和提高中小企业的科研竞争力。英国国防部继 2013 年投资近 1000 万英镑用于"国防增长合作伙伴"计划后,2016 年启动新计划,制定与中小企业合作的新政策,减少中小企业与国防部合作的障碍。2020 年 4 月,英国政府宣布实行"未来基金计划",帮助初创企业在疫情期间获得投资,累计为 1000 家初创企业提供 10 亿英镑的投资。法国政府每 2～3 年就会制定一个新计划来支持中小企业的创建与发展,并专门设立了中小企业发展银行,为其提供信贷服务与担保业务。法国国防部发布《中小企业国防协定》计划,提高针对中小企业的资金支持力度,协助其完成国防技术转化,增加对前端研究的投资,推动两用技术发展。

② 制定小企业采办支持政策,便利中小企业进入国防供应链。

欧洲各国政府在采购中优先考虑本国中小企业,通过改革业务流程,为中小企业进入国防供应链扫清障碍。英国政府着力优化政府采购流程,增加中小企业参与采购活动的便利性。一是取消对中小企业的资格审查问卷,只有中标供应商需要提供资格证明,降低中小企业参与政府采购的门槛;二是实施精益采购,压缩流程时间,降低中小企业时间成本;三是采用通用合同模板,拟定核心标准条款,使用简单明了的语言描述,并附上司法解释,将采购合同标准化、简单化、模块化,通过核心条款和可选条款的组合、填空,提高签约效率;四是设置覆盖全流程的通告,采购前提醒中小企业可参与的项目,采购中提醒各环节时间点,采购后提供投诉渠道,提醒企业参与项目评价,避免信息不对称阻碍中小企业参与政府采购,消除隐形门槛。英国《国防部中小企业行动计划》要求国防部分阶段改进采办流程,为中小企业提供便利,相关措施包括简化合同书、采用标准化合同、开发国防部电子采购系统等。法国修订采购过程,减少中小企业获得国防订单的障碍,在整个欧洲范围内加强对中小企业的支持,监督部长级指令的执行情况。法国国防部还建立了与中小企业的联系机制,及时向他们通报军品发展计划,提供参与机会,并为中小企业保留 10% 的采办项目,确保中小企业获得军品科研项目。

③ 建立大型企业与中小企业间的合作关系,为中小企业发展提供助力。

中小企业具有技术创新活跃的优势,但新技术新概念成熟度相对较低,距离实际应用尚远。为此,政府在大企业与中小企业间建立合作帮扶关系,为中小企业发展提供参与国防项目的桥梁。法国国防部与大型军备供应商签署双边协定,为中小企业提供帮助,并加强中小企业分包商的信息获取能力,使中小企业与大型承包商之间建立良好的合同和财务关系。英国国防部在 2012 年国防工业政策白皮书中,明确主承包商承担的政府合同必须提出中小企业参与的方案,要求主合同价值超过 100 万英镑的投标者必须明确转包给中小企业的工作任务。德国通过《联邦德国订货任务分配原则》明确规定武器装备总承包商在承包国防任务后，必须让中小企业参与分包任务的竞争，并用竞争手段向分包商分配任务。

4.2.1.2　引入竞争机制，构建公平市场环境

随着民用技术迅猛发展，法国意识到应充分利用民用领域的成果和资源为国防建设服务，为此引入竞争机制，扶持和鼓励民用企业等非传统供应商参与装备科研生产。

法国国防工业的竞争政策长期以来并不突出，随着上世纪开始的国防工业改革深入推进，国防部提出鼓励竞争的采办策略，发布公平竞争规则，鼓励竞争。作为国家采购武器装备的总代表，武器装备总署对三军所需的武器装备的研制和生产都要制订采办计划，实行公开招标制度，确保合同签订的透明度，通过平等竞争选择主承包商。在法国，若主承包商只有一家时，要保证在欧洲范围进行招标；若主承包商在欧洲只有一家，该承包商必须与武器装备总署建立开放式的合作关系，在价格谈判、成本控制以及生产能力建设等方面都必须保持透明。主承包商负责选择分包商及其设备供应商，对于分系统和设备的竞争应最大限度地开放，引入以成本价值分析为基础的竞争机制。

4.2.1.3　统一军民标准，破除民参军阻碍

欧洲主要国家在装备采办管理中，提倡采用民用规范，当军用标准与民用标准发生冲突时，在不影响军事需求的情况下，优先使用民用标准。这一做法在保证安全可靠的前提下，降低了民参军的门槛。英国对过去所有军用标准和规范进行了全面审查、清理，废止了大量军用标准，提高了民用标准和性能规范在国防部标准文件中的比例，鼓励承包商最大限度地采用能满足军事需求的民用标准和性能规范，只有在确实没有可用民用标准或民用标准不能满足军事需求时，才使用军用标准，且必须得到批准。此外，英国还全面推行"单一过程协议"，在军民融合企业中推行单一标准规范、质量体系，使军用与民用产品的质量体系和工艺规程合二为一，降低研制和生产成本，消除科技军民融合的标准障碍。法国、德国等国家也注重在国防采办中大力倡导军民通用标准和规范，鼓励承包商优先使用民用标准，提高相关民用标准和规范在国防标准中的使用比例。

4.2.1.4 鼓励科研机构与企业、企业与企业之间的合作

英国政府鼓励科研界和商业界开展合作。2021年3月,英国国防部在《国防与安全工业战略》中指出,全球技术变革的加速对国防与安全工业产生了深远影响,人工智能、自动化等前沿技术对维持战略优势起到越来越重要的作用,英国政府和企业需要共同努力,遴选出最具潜力的技术领域并推进相关研发,以快对手一步的速度,将其转化为实际战斗力。英国国防部同时要求,促进国防部与商务、能源与产业战略部等民口部门的合作,组织开展跨部门创新活动,推动利用民企创新优势;将在北爱尔兰试点的"国防技术开发计划"经验推广到整个英国,该计划旨在支持传统国防供应商与中小企业开展合作,并提升中小企业开发新产品、参与国防市场的能力;在英格兰西南部试点构建区域防务与安全联盟,推动形成区域科技创新合作网络。

法国在推动国防科研机构与企业合作方面出台多项措施。一是积极鼓励工业界的投资与参与,号召国防系统的科研机构与企业建立合作伙伴关系,坚持相互间"战略对话"。二是建立政府部门间的协调和沟通机制,法国国防部和科学研究部于2001年7月签署科技合作协议,核心内容是加强两部门科技交流活动的组织,并设立常设机构以协调两部门的科技政策和项目。三是实行"税收研究经费制",出台"国防科研税收减免制"政策,规定企业研发费可以部分减免企业税或所得税,从而鼓励各企业加大科研投入,与国防科研机构合作,参与技术创新。四是成立由法国国防部武器装备总署、军种参谋部和企业组成的一体化项目小组,参与采办计划的制订和项目管理,以发挥重要的建议和监督作用。

4.2.2 人才培养与使用

4.2.2.1 在科研项目中设立专门基金帮助青年人才成长

欧盟所设立的大型科研项目非常重视青年科研人员和早期创新团队的培养。如在"地平线2020"项目中,设立启动基金,专门资助毕业2~7年的博士生和处于职业生涯早期的青年研究人员,资助额可达200万欧元;设立发展基金,专门资助毕业7~12年的博士生和处于职业巩固期的研究人员,资助额可达275万欧元;设立协同基金,专门资助各创新小团体之间的协作研究,资助额可达1500万欧元。

4.2.2.2　与学校合作推动科学与工程人才培养

英国建立了良好的教育体系以及不断改进的培训生计划。通过与学校合作,英国设立了遍布全国的 3300 个军队青年团,以鼓励年轻人学习科学与工程技术,培养科技领导才能。军队青年团为超过 13 万名年轻人提供培养个人技能、获得职业资质的机会。英国投入 5000 万英镑,以扩增学校的青年团,使军队青年团总数在 2020 年达到 500 个。

4.2.2.3　与私营企业合作实施国防学徒培养项目

作为主要的国防培训负责部门,英国国防部与私营企业开展紧密合作,投资水准较高的培训方案,从而提供技能熟练的劳动力。英国国防部已与私营企业开展两方面合作:一是制定全新的国防学徒项目,即开拓者项目;二是从 2016 年开始启动全新的系统工程硕士培训生项目,吸引新的工程师以及高技能工程师从事与高级系统工程相关的工作。

4.2.2.4　加强关键领域的高水平技术人才培养

(1)加强网络安全领域人才培养。

英国自 2011 年起对网络安全行业供应商开展培训,并建立培训专家库。目前,英国正加强该领域的人才培养工作,为意欲在该领域追求职业发展的人士提供针对性培训。一是开展学校项目,鼓励全英境内 14~17 岁的学生在将来从事网络安全工作,并制定针对特定部门的全新网络安全培训生项目。二是扩大较成功项目的范围和影响,包括网络安全挑战赛以及"网络为先"本科赞助计划。三是开展一项价值高达 2000 万英镑的竞标工作,以新成立一所编程学院,开发英国的数字与计算机科学技术。这些措施将确保英国公私部门均拥有掌握一定网络技能的专业人员,从而保持其在网络安全方面的世界领先地位。

(2)加强核领域人才培养。

英国政府于 2016 年发布《保持英国的核技能》报告,披露了与企业开展的一份合作行动计划,具体包括在英国公共部门制定一个针对就业的通用技能框架,形成跨部门的核领域就业道路,从而提高关键技能的保持率。

4.2.2.5　制定人才激励机制,鼓励人才创业

德国学会尤其注重在技术转移中激励科研人员进行创业。马普学会、弗朗霍夫协会等先后成立创新或创业服务机构,如弗朗霍夫协会成立弗朗霍夫创业

机构,为科研成果提供一系列专业化与市场化服务,在成果转化收入上向科研人员倾斜,鼓励科研人员以创业者、顾问和参与者的身份进行创业。

4.2.3 联合投资机制

4.2.3.1 欧洲防务工业发展计划

欧洲防务工业发展计划是欧洲防务基金的先导计划之一,属于欧洲防务基金中的能力基金,如图 4-3 所示。该计划主要投向处于技术研发和产品研制阶段的装备合作项目,并要求项目至少由欧盟两个成员国的不少于三家公司参与,旨在支持高端产品和技术的联合开发及先进商用技术转军用项目。该计划在 2019—2020 年间实施,累计向 42 个防务研发合作项目投资 5 亿欧元,投资范围涵盖研究、设计、试验、验证等阶段,资助领域包括遥控系统、卫星通信、自主太空进入和永久性对地观测、能源可持续性、网络和海上安全、高端陆海空能力以及联合多域系统等方面的新产品和技术。

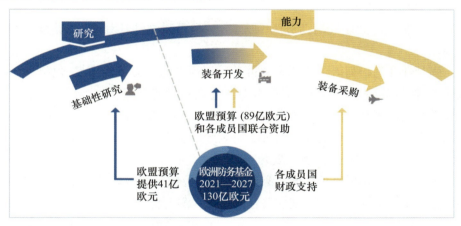

图 4-3 欧洲防务基金中的研究基金和能力基金

(1)联合投资模式。

欧洲防务工业发展计划采取联合投资的方式,由欧盟预算和参与具体项目的欧盟成员国共同出资。其中,对处于原型开发阶段的项目,欧盟预算投资占比最高可达 20%;对处于测试、资格审查与认证阶段的项目,欧盟预算投资占比最高可达 80%。各项目由参与国指派专人管理。

(2)投资额度。

一方面,欧盟委员会于 2018 年 5 月 22 日同意在 2019 年和 2020 年为初步预备计划每年拨款 5 亿欧元,资助联合防务技术和装备项目,该提案于 7 月 3 日获得欧洲议会通过。另一方面,欧盟委员会于 2018 年 6 月提出关于欧洲防务基金的提案,作为 2021—2027 年多年期财务框架的一部分,提案拟议基金额度为 130 亿欧元,其中为欧洲防务工业发展计划提供 89 亿欧元,以对成员国在装备开发以及认证和测试阶段所花费成本进行资助。

4.2.3.2 欧洲航天局

欧洲航天局(ESA)是泛欧民用航天管理机构,由 22 个成员国(包括德国、法国、意大利、英国、西班牙、比利时、瑞士、瑞典、挪威、荷兰、奥地利、丹麦、芬兰、葡萄牙、爱尔兰、卢森堡、捷克、希腊、罗马尼亚、波兰、匈牙利、爱沙尼亚)和作为准成员国的加拿大共同组建。欧洲航天局成立于 1975 年,在当时欧洲两大航天机构——研制航天器的欧洲航天研究组织(ESRO)和研制运载火箭的欧洲运载开发组织(ELDO)的基础上建立。欧洲航天局的航天活动或航天研究项目采取联合投资模式和决策机制。

(1)联合投资模式。

欧洲航天局的航天活动分为两大类,一类是强制性计划,另一类是选择性计划。

强制性计划指列入一般预算和科学计划预算的航天发展项目,包括科学卫星研发、探测器研发、未来探索计划制定、先期技术研究、共性技术投资、信息系统建设和培训等基本活动。这类活动经费均以各国国内生产总值(GDP)为基础按比例出资。强制性计划开支约占欧洲航天局航天活动总经费的 20%~30%,其余 70%~80% 均为选择性计划开支。

选择性计划指成员国共同感兴趣的计划,各成员国可以根据本国的需求或实力选择是否参加。这类计划主要包括地球观测卫星、通信卫星、导航卫星和航天运输系统,以及国际空间站、微重力研究等国际合作项目。这类自由组合式的选择性计划,由于涉及的投资规模大、周期长,因此投资比例既可以按各国国内生产总值分摊,也可以根据不同情况选择不同的分摊比例。例如,"伽利略"卫星导航系统计划在筹集资金时,德国和意大利都希望通过加大投资以取得主导权,最后协商的结果是法国、意大利、德国、英国各占 17.5%,剩余 30% 中西班牙占约 12%,其他国家占 18%。又如,"阿里安"火箭项目投资以法国为主,其他国家参与。

(2)联合投资决策机制。

欧洲航天局的最高决策管理机构是欧洲航天局理事会,其职责是制定并确保欧洲航天计划的实施,批准航天项目,决定可用资源的分配,确保长期稳定的经费来源。它由各成员国派驻的高级别代表组成,每隔3个月召开一次例会,每隔2~3年召开一次部长级会议。

除了日常管理事务外,重大项目立项和重要航天决策都需要在部长级会议上讨论通过。欧洲航天局对重大问题的决策一般不采取简单的少数服从多数的形式,而是要获得2/3多数通过。每个成员国无论大小都只拥有1票表决权,这使每1票都具有重要的效力。当各成员国出现分歧或利益冲突时,即使是少数国家的意见也不能被压制,而是采取平等协商或相互妥协的办法,力求达成共识并一致通过。由于法国、德国、意大利和英国对欧洲航天局的贡献最大,航天科技实力最强,在重大决策中如果这4个国家发生冲突,重大决策就很难通过,比如"阿里安"火箭未来发展方案就因为法国和德国的意见分歧而未及时通过。

(3)联合投资收益模式。

欧洲航天局一直采取"谁投资谁受益"的"公平返还"原则来管理航天计划。这既是一项基本原则,也是一项有效激励各国航天投资的政策。无论是强制性还是选择性计划,一旦成员国确定本国投入欧洲航天局航天项目的比例之后,它所投入的每一欧元中在扣除管理等开支后,约80%都会以项目合同的方式投向该国科研机构或产业界。如果哪个国家投入的经费多,那么这个国家的企业就可能主导这个航天项目,或成为主承包商。

(4)与欧洲以外国家的联合投资。

欧洲航天局还有很多涉及美国、俄罗斯及其他国家的国际合作项目,如国际空间站和月球、火星等太空探索项目。这些项目中欧洲航天局承担部分投资,配比通常也按选择性计划的联合投资模式来处理。近年来,欧洲航天局通过吸收非成员国国家的加入,逐步成为泛欧航天执行机构。这些不同形式、灵活多样的合作模式既节省航天开支、减少重复投资,还通过欧洲航天计划、管理和政策一体化,逐步实现欧盟的航天政策和战略目标。

4.2.3.3 英国国防技术中心

英国国防技术中心(DTC)由英国国防部和私营部门共同投资组建,由英国国防部派代表负责日常管理,主要从事具有国防应用前景的基础研究和军民两用技术研究。

(1)技术中心设立。

英国国防部于2002年2月提出与私营部门合作,共同投资组建国防技术中心。这是继英国国防鉴定与研究总局私有化改革后,英国国防部在国防科研领域进行的又一次重大改革。根据该倡议,英国国防部计划分两批组建6个国防技术中心,旨在整合工业界和学术界资源,探索新兴国防技术并增强国防能力。首批3个的组建工作于2002年2月开始通过招标方式进行,涉及数据与信息融合、人机工效集成、电磁遥感等领域,2003年初正式成立;第二批3个于2005年6月组建完毕,涉及自主式系统工程等领域。

(2)联合投资模式。

英国国防部根据与合作方达成的合同,按照开发进度采用阶段性拨款方式,每年向各个国防技术中心投资500万英镑。各国防技术中心根据英国国防部投资水平和研究基础制定相应的发展战略和计划,并进行合同费用和合同期限的筹划。英国国防部、国防科学咨询委员会、私营部门的代表组成审查委员会,对国防技术中心进行管理,以确保维护各方利益。

(3)联合投资效果。

英国国防部报道称,英国军方、工业界和学术界都从国防技术中心开发的未来技术中获益,如数据与信息融合中心的"网络能力"技术、人机工效集成中心的单兵感知预测软件、电磁遥感中心的高效费比遥感增强技术等。2008年后,国防技术中心的职能进一步整合到英国国防科技实验室下属的国防企业中心(CDE),以强化英国国防部对高风险、高潜力创新项目的投资。2016年,国防企业中心被新成立的国防与安全加速器取代。

4.2.4 科研设备设施共享

为统筹科技优势资源,实现竞争力提升,欧盟实施了"研究一体化"的建设计划,科研设备设施是其最重要的组成部分,也逐渐成为促进知识积累与科技资源共享的重要途径和平台。目前来看,欧洲科研设备设施对外开放数量排在前列的国家有德国、法国、意大利和荷兰,各成员国的研究人员在专门的公共信息平台即可查看欧盟开放共享的基础设备设施信息。

4.2.4.1 通过欧盟科研框架计划促进共享

欧盟早在第二科研框架计划(1987—1991年)时期就开始支持科研设备设施共享,提供约3000万欧元经费。截至第七科研框架计划时期,欧盟共提供18.5亿欧元专项经费,来支持科研设备设施的运行以及相关政策研究。在欧盟已建成的800多个对所有欧盟科技人员开放的科研基础设施中,欧盟科研框架计划资助80座,成员国科技计划资助720座,相关领域涉及能源、工程、信息、材料等。

4.2.4.2 实施欧洲科研基础设施路线图计划

欧洲科研基础设施战略论坛(ESFRI)于2002年设立,目的是通过制定一个连贯的战略,即欧洲科研基础设施路线图计划,来明确欧洲科研设备设施在未来10~20年的发展,同时通过促进多边合作来加强对科研基础设施的利用和共享。2012年,欧盟委员会扩充了欧洲科研基础设施战略论坛的职能,要求其致力于"加强欧洲研究区相关合作伙伴的卓越成长,并在科研设备设施领域加强合作共享""在新的职能范围下,解决设备设施共享所面临的问题,同时确保路线图中的项目根据综合评估结果持续完善和推进""决定路线图中相关项目支持的优先顺序"等。目前战略论坛的主要任务是促进路线图中项目的进一步落地和实施,保持欧洲在前沿科技领域的迅速发展,持续扩充科研设备设施数量,满足欧洲和世界科技发展的需要。

4.2.4.3 实施欧洲科研基础设施联盟计划

2009年7月,欧盟委员会发布了《欧洲科研基础设施联盟条例》(ERIC),以此赋予欧洲科研基础设施独特的法律地位,条例规定欧洲科研基础设施联盟的主要任务为:不以盈利为目的投资建设和运营欧洲科研基础设施(包括推动欧洲科研基础设施路线图的实施),促进科技创新;同时,允许联盟从事有限的与主要任务密切关联的经济活动,以保证其正常运作。从2011年7月开始,联盟陆续启动了一些建设项目,如中欧材料科学分析和合成设施联盟、数字化科研基础设施等。

4.2.4.4 委托公司管理国防试验与鉴定设施

2001年7月,英国将原国防鉴定与研究局拆分为国防科技实验室和奎奈蒂克公司(QinetiQ),其中奎奈蒂克公司继承约70%的科研力量。此后,英国国防部转让了奎奈蒂克公司的全部股份,仅保留"特殊股"(又称"金股"),以保证国家对核心技术能力的控制。奎奈蒂克公司由原国防鉴定与研究局多个部门和国防部非核武器科研及评估部门合并而成,提供研究、咨询建议、试验与评估、技术解决方案、许可认证五大产品和服务。

2003年,奎奈蒂克公司与英国国防部签署一份为期25年的长期合作协议(LTPA),负责管理国防部17个试验与鉴定中心,向国防部提供军用和民用平台、武器系统、陆海空武器装备组件等方面的研究、试验与鉴定服务。这些中心是英国最主要的国防科研设施,主要分布在英国西海岸和南海岸,如图4-4所示。除按协议管理17个试验与鉴定中心外,奎奈蒂克公司还拥有风洞、水池等多种航空航天和海上试验设施。2019年4月,英国国防部修订了长期合作协议,新增13亿英镑投资,主要用于:升级奎奈蒂克公司管理的16个国防试验、培训和评估设施,如建设欧洲最大的微波暗室(即所谓"静音机库"),用于测试军用飞机在强电磁干扰环境下的性能;每年约2.2亿英镑用于设施日常运营和人员费用;每年增拨1亿英镑用于开展具体试验项目。根据2024年6月发布的2022财年报告,奎奈蒂克公司现有雇员6000余人,涵盖技术研发、测试评估、项目管理等方面的专业人员;总收入13.204亿英镑,利润1.175亿英镑。

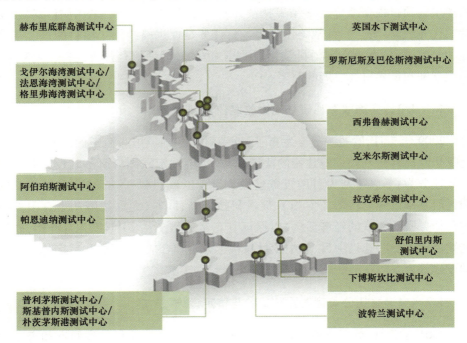

图4-4 奎奈蒂克公司管理的国防部试验与鉴定中心

第 5 章
国防科技成果转移转化机制

世界主要军事强国基于各自面临的国际安全形势、政治和经济体制、综合国力、战略定位与发展目标,通过制定政策法规、规划计划、发展战略,采取军民市场互补、军民资源共享、军民信息互通等措施推进国防科技成果转化,提升国防科技创新和武器装备建设能力。

5.1 美国国防科技成果转移转化机制

美国国防部和各军种部为推进国防科技成果转化，采取一系列重要举措，通过《史蒂文森-怀德勒技术创新法》、《拜杜法》、国防部第5535.08号指令等法规，为成果转化提供行为规范和政策支撑；搭建技术连接（TechLink）、联邦实验室联盟（FLC）等网站和服务平台促进信息共享；设立国防创新小组（DIU）等机构多措并举加强与高科技商业企业的合作，将技术创新成果转化到国防领域，为国防任务和军队建设做出贡献。

5.1.1 军用技术转民用

5.1.1.1 军用技术转民用政策法规

冷战时期，美国政府出于军事需要，在通信网络、卫星、合成材料等领域研发了大量尖端技术，但国防科研成果较少转化到民用领域。从20世纪80年代起，随着经济压力增大和军费开支减少，美国逐步调整国家安全策略，兼顾国防建设和经济发展，大力推动军用技术向民用转化。美国先后颁布了《史蒂文森-怀德勒技术创新法》《拜杜法》《联邦技术转移法》《技术转移商业化法》等保障军用技术转化的法律，有效解决了国防知识产权归属、利益分配等制约技术转移的核心问题。

1980年通过的《史蒂文森-怀德勒技术创新法》要求联邦实验室积极努力，将联邦政府拥有的以及开发的技术向州政府以及私营部门转移，建立研究与技术应用办公室（ORTA）和联邦技术应用中心，要求联邦政府机构从研发预算中提取一定比例用于技术转移。该法规定年预算在2000万美元以上的政府实验室，必须设立专门的研究与技术应用办公室，投入资金和人力资源促进联邦技术向私营部门转移。

1980年通过的《拜杜法》，对政府资助产生的创新成果确立了统一的所有权制度，允许非营利机构、大学和小企业保留政府投资产生的发明，允许它们对这些科研成果申请专利和进行专利许可与转让，联邦政府保留对其资助的科研项目成果的介入权。1984年通过的修正案要求商务部负责签署实施该法案的法规。

1986 年通过的《联邦技术转移法》提出以下举措：一是建立联邦实验室联盟；二是将技术转移纳入实验室雇员绩效评估；三是赋予联邦实验室主任签署合作研发协议和发明许可协议的权力。1989 年《国家竞争力技术转移法》要求联邦机构在授出的合同中加入技术转移条款，并允许联邦实验室在特定情形下签署合作研发协议。

2000 年通过的《技术转移商业化法》要求商务部向国会提供一份年度报告，阐述各联邦部门专利许可和其他技术转移活动。自 2007 年开始，商务部要求国家标准与技术研究院向国会提供联邦实验室技术转移年度报告，协调跨机构技术转移工作组，并颁布联邦实验室专利和对外许可的法规，该院引领跨机构联邦技术转移的地位进一步增强。

2012 年 10 月，美国国防部出台《2013—2017 年技术转移战略行动计划》，强调不断改进内部流程，全面审查技术转移工作，使国防技术转移成为创新的倍增器。

美国联邦实验室联盟于 1991 年发布首版《联邦技术转让立法和政策》文件），之后于 1994 年、2005 年、2009 年、2013 年、2018 年、2023 年分别发布了更新版。该文件汇聚了美国技术转让相关的主要立法、监管执行政策，为政府决策者和技术转让从业者了解相关法律规定提供参考，对指导美国技术转移实践发挥了重要作用。

2022 年 9 月，美国国防部研究与工程副部长办公室发布了第 5535.08 号指令《国防部国内技术转让计划》，为技术转让专家和法务人员提供指导，取代 1999 年的国防部 5535.03 号指令。该指令指出："应通过公开、在线和可搜索的数据库，对可转让的国防部发明和知识产权进行编目和推广；努力通过财政激励措施来鼓励军民两用发明的转让许可，如降低或免除专利使用费等。"

5.1.1.2 军用技术转民用的机制

美国建立了涵盖专门机构、专业队伍、专业平台的技术转移组织管理体系。国防部于 90 年代初设立了技术转移办公室，统筹管理国防技术转移工作，并与能源部、商务部等部门进行沟通。国防部各业务局、各军种及其下属实验室和大学均设有专门的技术转移机构。上述技术转移机构均有经费和专职人员保障，特别是拥有一批专业化的技术转移人员，包括投资、知识产权、专业技术、法律等各方面的人才。

美国还建立了专门的技术转移计划网站和服务平台，如联邦实验室联盟、国防部技术对接（TechMatch）、技术连接（TechLink）、第一连接（FirstLink）、军事技术（MilTech）等，及时公布技术转移法规、工作机制、培训信息、成功案例、各单位技术成果等，方便公众全面了解各部门技术转移情况。其中：①技术对接平台主要为工业界和学术界在国防部实验室中寻找合作机会，网站每天向登记用户发送一份电子邮件，提供与用户登记资料相匹配的需求信息。②联邦实验室联盟由商务部国家标准与技术研究院管理和资助，最初主要是一个教育、培训和联邦技术转移的交流平台，旨在促进联邦开发的技术知识融入美国经济发展之中，使其作用不断扩大，后来成为收集和传播联邦技术信息的平台，并协助外部实体识别可用的联邦技术。③技术连接平台于1996年在蒙大拿州立大学组建，使命是促进国防部与私营部门之间建立高价值的合作伙伴关系，以促成前沿技术的开发、转移和商业化。该平台帮助国防部与工业界签署许可协议及其他技术转移协议，使企业能够利用国防部的发明创造新的产品和服务，从而达到推动经济发展的目的。该平台专家遍布多个工业领域，包括先进材料和纳米、航空航天、电子、环境、医疗和生物、光子和传感器、软件和信息等，他们能够理解国防实验室和企业的技术需求及优势。此外，国防技术信息中心建立了国防技术转移信息系统（DTTIS）、知识产权管理信息系统（IPMIS）等平台，汇集、储存技术转移和知识产权方面的信息。

美国国防实验室通过与非政府单位签署专利许可协议，将发明的技术专利转移到私营部门。这个过程分为七个步骤：

① 识别发明。研究人员识别出技术发明后向实验室主任或技术转移办公室报告。美国法律法规建立了统一的政策，来决定谁应该持有政府技术发明的产权。很多实验室允许或鼓励研究人员发表他们的成果，包括描述发明的技术、公开发表论文等。该步骤要求研究人员必须了解发明披露的要求、专利申请过程、构成可专利化技术的要素，并通过现有技术检索来确定技术是否可以专利化。

② 持续跟踪发明。一项技术发明被公开后，联邦机构和实验室必须进行持续跟进，采取的方式包括电子表格或自动化软件。有的军种设立统一机构管理技术转移，如海军部由海军研究署统管专利申请和技术转移；有的军种则交由各实验室自行管理。

③ 选择发明申请专利。联邦机构和实验室借助评估委员会和专利官审查技术发明,考虑因素包括技术是否可以专利化、是否有利于实验室的使命任务、是否具备商业应用或实践应用价值等,然后向美国专利与商标局提出专利保护申请。联邦机构必须在技术发明首次披露、公开使用或销售 1 年内提出专利申请。出于国家安全考虑,并非所有专利都能获批和转让。专利从提出申请到最终签署的平均时间是 2 年,这期间专利申请很可能被拒绝、返回修改,申请机构需要支付相关的各种费用。

④ 吸引潜在专利较移对象。联邦机构和实验室需要采取不同方法来吸引企业、大学和非营利机构的参与。联邦机构可将已获专利发明的目录放到网上、发表在学术期刊上或在公开活动中进行宣传,如参加由企业、联邦研究人员和联邦技术转移官组织的会议。另外,技术转移办公室还可与中介进行合作,中介可以是州或地方实体,也可以是非营利机构,通过它们寻找潜在专利许可对象。国防实验室还通过合作研发协议进一步开发技术,催生出可为专利较移对象接受的新发明。

⑤ 许可协议谈判。技术转移办公室和法律顾问负责起草和协商专利许可协议,有时其他实验室官员也会参与其中。谈判通常是一个反复的过程,双方都可能提出对许可条款的调整。典型的许可协议包括财务补偿、许可排他程度、在美国本土制造的要求、政府保留的权力、许可终止条款、许可执行保证条款等。财务条款可能包括预付费用、最低支付费用、基于销售收入的专利税、支付节点等要求。联邦实验室根据技术特点、市场条件等针对每项待转移技术商定财务条款。许可协议可以是不排他、部分排他或完全排他,可以限制发明应用的领域或地域。国防实验室授出排他许可协议前必须公示至少 15 天,并受理这期间收到的反对意见,然后才能开始谈判。无论专利许可是否排他,申请者必须提交一份商业计划。美国法律还要求联邦实验室在授出专利许可协议时,优先考虑能将发明投入实践应用的小企业;优先考虑美国本土产品制造商。

⑥ 监控专利持有者的绩效。许可协议一般要求持有者定期报告商业化情况。联邦机构如果发现持有者不符合协议条款要求,可选择终止或修改协议。

⑦ 衡量许可协议结果。国防实验室需要制定指标和评估方法,从专利许可协议涉及的所有方面衡量实验室技术转移活动的结果,以评价专利许可工作的有效性。2011 年 10 月,奥巴马总统签署备忘录,要求联邦机构制定战略,以加

大联邦技术转移机会的有效性和可得性;在公共政府数据库中罗列所有公开可用、联邦持有的发明;提升和扩大商务部年度技术转移报告指标的收集。

2018年5月,美国空军研究实验室材料和制造部宣布专项技术许可计划,以将实验室的成熟技术推向商业领域。创新者和企业家可以通过网站了解可供许可开发的技术,还可以了解每项技术的协议条款和许可价格,此举将极大缩短签署协议所需时间。企业可填写申请来获得技术许可,申请经审批后,就可以快速签署协议,从而获得对技术的非排他性、部分排他性或排他性权利。材料和制造部技术转移办公室主任苏尼塔·查万将这一过程比作"一站式商店",该方式降低了小企业,尤其是初创企业获取先进技术的门槛。材料和制造部提供了36种可供许可的技术,这些技术的成熟度较高,那些尚未得到充分开发的不成熟技术,将作为潜在候选技术。

5.1.1.3 军用技术转民用的效果

根据美国国防部2021年的调查研究,2000—2021年间,国防部共与1168家企业签署了1498项有效技术转让协议,为企业带来323亿美元收入(直接产值),其中民品业务收入232.3亿美元,占72%,如表5-1所列。另外,国防部还按研发部门和技术领域统计了军转民技术带来的经济产值,帕利珠单抗可有效预防呼吸道合胞病毒,降低感染该病毒高危婴儿的住院率,因此这一军转民药物具有很高的销量,2000—2021年为企业带来高达190亿美元的收入,大约占到军转民技术直接经济产值的60%。在不含帕利珠单抗的情况下,陆、海、空三个军种部军转民技术带来的经济产值占比超过77%,其中陆军部就占了约50%,如图5-1所示。

表5-1 2000—2021年国防部技术军转民带来的经济影响

影响类型	直接和间接产值 /亿美元	创造就业数 /万人	增加值 /亿美元	劳动力的收入 /亿美元	公共收入 (联邦、州、地方) /亿美元
直接影响	323	8.23	155	93	28
间接影响	214	7.71	111	66	22
潜在影响	153	8.75	92	50	20
经济影响合计	690	24.68	358	209	70

注:数字因四舍五入的原因,分项加和可能不等于合计值。

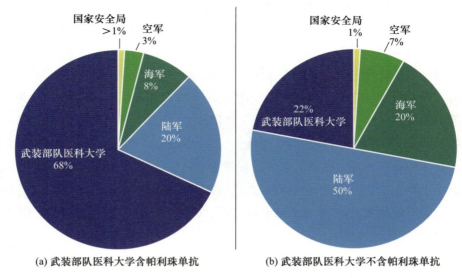

图 5-1　国防部各部门军转民技术带来的经济产值所占比例（2000—2021 年）

5.1.2　民用技术转军用

当前，随着装备体系化发展、工业合作大生产、国防资源趋于紧缩，美国政府更加强调集成全国各方面的创新力量促进国防科技的进步，尤其重视发挥创新型商业企业的作用。美国国防部多措并举加强与高科技商业企业的合作：2015年 4 月以来，国防部与 In-Q-Tel 风险投资公司建立合作关系，通过该公司投资初创企业，以获得先进信息技术；2015 年 7 月以来，国防部先后在硅谷、波士顿和奥斯汀设立国防创新小组，以衔接军方与前沿技术企业，加速商业技术向作战部队的转化；2016 年 2 月以来，战略能力办公室积极利用大数据分析、深度学习、3D 打印、智能手机组件等商业技术改进现有武器系统；《2016 财年国防授权法》明确进一步突破传统采办限制，将"其他交易"授权期限由短期改为长期，取消非传统供应商和小企业参与国防合同时提交成本数据的要求，支持国防部与硅谷初创企业加强合作。下面重点以国防创新小组为例分析美国推动民用技术转军用的做法、成效和特点。

5.1.2.1　国防创新小组基本情况

2014 年 9 月，美国国防部发起"第三次抵消战略"，以通过创新赢得新的绝对军事优势。国防部认识到自身运行管理过于僵化和繁琐，已形成厌恶创新和风险的采办文化，阻碍国防部利用美国技术和人才优势，尤其使国防部与高科技商业企业呈对立状态。2015年2月，拥有硅谷经历的卡特担任国防部长，随即发起"在国防部之外思考"运动，号召国防部加强与商业创新力量的联系。2015年4月，卡特在斯坦福大学演讲时宣布在硅谷建立国防创新试验机构（DIUX），旨在加强国防部与商业高技术创新区的联系。国防创新试验机构向负责研究与工程的助理部长汇报工作，编制6～10人，负责人为乔治·杜查克，职能包括：加强国防部与硅谷技术人才、小企业的合作；拓宽国防部获得技术的渠道，探知颠覆性和新兴技术；作为办事处，充当国防采办体系与硅谷创新体系之间的"桥梁"。

2016年5月，卡特宣布在东海岸的波士顿筹建国防创新试验机构第2个分支机构，同时调整机构的管理和运行模式，新模式被称为国防创新试验机构2.0（DIUX 2.0）。这次改革内容包括：由国防部长直接领导国防创新试验机构，提高决策效率；采取扁平化、多人共同管理的内部领导体制，任命拉吉·沙赫为新的负责人；提供更大的财政支持，赋予其签订和管理合同的权限；推出可迅速与企业完成交易的"开放商业解决方案"（CSO）运行机制。2016年7～9月，在拉吉·沙赫领导下，该机构共授出12份原型合同，总价值3630万美元，其中2800万美元来自国防信息系统局、国防情报局、空军国民警卫队等部门。

2016年9月，卡特在德克萨斯州奥斯汀市的"资本工厂"孵化器宣布建立国防创新试验机构第3个分支机构，继续寻求与私营创新部门建立合作关系。奥斯汀市位于德克萨斯州中部，是戴尔公司的发源地，拥有大量研究所和初创企业，是美国南部著名的科技创新中心。奥斯汀的机构将接触各类企业，了解这些企业的技术，帮助其理解这些技术如何支持作战。奥斯汀的机构由前国防部负责阿富汗、巴基斯坦和中亚事务的助理部长帮办克里斯汀·阿比扎伊德领导，并招募当地的预备役军人加入，如曾是密西西比空军国民警卫队情报官、退役后创办了一家3D打印公司的萨曼莎·施杰翰。

2017年7月，美国国防部常务副部长鲍勃·沃克在离任前签署备忘录，授予国防创新试验机构特别权限，以更快地雇佣人才和授出合同。人事方面，《2017财年国防授权法》允许国防创新试验机构以非竞争方式雇佣聘期不超过18个月的人员，沃克备忘录允许这部分雇员延长一个任期，使聘期最长达36个月。合同方面，授权国防创新试验机构设立合同官并采用非常规采办流程授出500万美元以下的合同。相对而言，国防创新试验机构在最初几个月只能利用采购卡协商3000美元以下合同，如果需要更多产品或服务就要通过国防部采购系统。国防创新试验机构获得的其他授权还包括：自主发布广告、通告和方案的权力；批准费用在50万美元以下的会议，而不需要走常规审批流程。2017年8

月,时任国防部长马蒂斯访问硅谷,与亚马逊和谷歌等技术公司高管进行会谈,明确表示将继续支持国防创新试验机构的工作,进一步扩大该机构对国防部的影响。

2018年7月,国防创新试验机构任命迈克尔·马德森为华盛顿特区工作负责人,向华盛顿高官宣传该机构的意义和价值。马德森认为其就职后的首要任务是加强与国会、各军种部、战略能力办公室和DARPA的交流,清楚阐明国防创新试验机构所开展工作的投资回报。此外,马德森还计划每季度制定一份国防创新试验机构项目概要,并定期发布该机构工作及具体项目的信息。2018年8月,美国国防部研究与工程副部长和首席管理官联合发布一份备忘录,将国防创新试验机构正式更名为国防创新小组(DIU),反映出国防部对该机构前期工作的认可。更名后,该机构仍将把开展创新模式试验作为核心工作,并在刺激国防创新方面发挥重要作用。2019年6月,国防创新小组在官网发布《2018年度报告》,强调了2018年该机构的重大变化,包括更换领导层、调整组织架构、更改名称、采用新项目评选标准等。

2023年4月,美国国防部长劳埃德·奥斯汀签署《国防创新小组的调整和管理》备忘录,将国防创新小组由研究与工程副部长领导变更为国防部长直接领导,以促使其更加有效地完成"促进商业技术快速和大规模应用"的使命。国防创新小组主任将领导国防部与商业部门的合作,以满足作战人员需求;并作为新兴商业技术部门的联络人,帮助发现军民两用技术,以实现新技术的快速转化和部署。

国防创新小组成立之初共50余人,目前已发展至200余人,主要由文职政府雇员、兼职预备役人员、联络官及劳务派遣人员组成,已在硅谷、波士顿、奥斯汀、华盛顿特区设立分支机构,2022年在芝加哥增设新的分支机构,以更好地加强与国防部客户和科技创新企业的合作。该机构通过灵活的签约授权快速将商业部门的技术引入国防部,重点关注人工智能、自主系统、网络和电信、能源、人因系统和太空6个领域。

5.1.2.2 国防创新小组的运行机制

国防创新小组认为无法对高新技术进行量化评价,必须依赖专家经验进行定性评价,因此组建了一支由多部门人员组成的专家团队,包括熟知"其他交易"的合同专家、各领域的技术专家、谈判及运营经验丰富的商业人士及寻求解决方案的军事人员。国防创新小组鼓励专家团队的内部合作,并放权专家团队进行决策,有效提高了项目决策质量。

为广泛征求各种武器装备发展方案，国防创新小组开创了"开放商业解决方案"运行机制，鼓励非传统供应商参与国防部项目。该机制使国防创新小组仅用60—90天就完成方案征集和合同授予，与少则数月、多则数年的常规技术采办流程相比节省了大量时间和资金。

具体流程如下：一是发布招标书，阐述待解决的难题以及供应商投标要求；二是企业提交方案简述，载体是5页纸白皮书或最多15张幻灯片，信息包括企业和产品概述、产品成熟度及在公共和私营部门使用情况、产品技术细节；三是方案简述评估，主要看方案是否具备技术可行性、是否能解决难题、是否具有创新性，选出企业进入下一阶段；四是邀请企业前来推介（视情，可能不是所有入选企业），内容包括企业简介、市场占有情况、产品演示、方案实施进度、价格详情，选出企业进入下一阶段；五是企业提交详细方案，包括技术方案和价格方案；六是谈判和签署其他交易协议。

"开放商业解决方案"的核心是"其他交易"授权，该授权最初于1989年由国会授予国防部，旨在使DARPA与商业企业合作时不受大部分法律法规限制。"其他交易"指除采办合同、资助协议和合作协议之外的交易方式，可以不遵守《联邦采办条例》及其国防部补充条例的规定，也无需遵守适用于采办合同的法律，如《谈判真相法》《拜杜法》《合同竞争法》《成本会计准则》等。该交易方式可以追溯至美国1958年颁布的《国家航空航天法》，使非传统供应商参与武器装备建设时能够不受已有采办条例和规定的约束，协商确定协议条款和条件。

国防创新小组将合作对象定位为非传统供应商，这一明确定位将那些财力雄厚并具有垄断地位的传统军工企业排除在外，避免了不正当竞争，拓展了创新方案征集范围。国防创新小组认为传统国防项目具有合同条款异常复杂、技术指标规定严格、经费不易调整及知识产权不受保护等特点，不适用于快速变化的商业创新环境，阻碍了高新技术企业进入国防领域。

针对该问题，国防创新小组建立了适用于商业技术的管理措施，包括：①以找到创造性解决方案为核心开展各项工作，而不是以复杂合同条款为核心；②以"其他交易"标准模板作为合作基础，在保留基础条款的同时考虑不同项目特点，与相关利益方协商形成特殊条款；③"原型项目"由专家、国防部需求单位及供应商共同讨论形成，追求技术的快速创新及较高的效费比；④在保证透明、公正的同时，弱化"原型项目"方案之间的竞争，强调项目的创新性和实用性，以更广泛地征集解决方案；⑤分解项目工作内容，根据分解结果确定经费预算，并允许分期支付和提前支付，缓解国防创新小组和非传统供应商的经费压力；⑥允许在预先确定的需求范围内调整项目内容和经费；⑦不预先确定知识产权归属，根据项目实际推进情况通过政府知识产权律师最终确定知识产权归属。

国防创新小组在公开征集项目方案时,对需求的界定较为宽泛,不会详细说明技术指标要求。商业企业可通过国防创新小组的网站提交解决方案概要,包括企业基本信息及技术特点。国防创新小组也会进行市场调研,识别有意向及有能力的企业并鼓励它们提交解决方案。例如,2019年1月,国防创新小组选派三个团队参加了2019年国际消费电子展(CES 2019),以接触行业领先的企业家和风险投资公司,收集第一手市场情报。国防创新小组共关注了1400多家公司展示的技术,其中579家专注于可穿戴设备、417家研究人工智能、312家聚焦机器人、153家擅长无人机。

针对征集到的方案,国防创新小组组织一个评审专家组,从与问题的匹配性、技术价值、商业可行性及创新性四个方面对解决方案概要进行评审。该阶段评审是非竞争性的,并不对方案进行比较。国防创新小组会对通过第一次评审的方案进行第二次评审。这次评审以正式会议或电话、视频会议的方式进行,要求提交方案的公司更加详细地说明所要采用的技术方案及项目形式。专家团队会在第一次评审的四个指标基础上,增加对成本、进度和知识产权的评审。对于通过这次评审的方案,陆军合同司令部会要求方案公司提交一个"原型提案申请"。之后,国防创新小组会组织一个由合同司令部、国防部、军方需求单位、合同官及方案公司共同参加的正式会议,在一个标准"其他交易"模板基础上拟定协议,确定项目详细工作说明、经费支付方案及内容分解结构。该过程要求各方充分交流,鼓励新思想、新方法。

5.1.2.3 国防创新小组的运行效果

根据国防创新小组于2024年5月2日发布的《2023财年年度报告》,2016年6月至2023年9月,国防创新小组共收到6828份提案,总计62个原型项目成功过渡至后续采购阶段,项目转化率为51%;共向商业企业授出450份原型合同(价值17亿美元);另向商业企业授出55亿美元的生产合同。此外,向27家外国公司授出7590万美元的合同。

2023财年,国防创新小组共发布33份招标书,收到1768份提案,较上年增加8%;授出原型合同90份,较上年增加11%,总价值达2.98亿美元,其中国防部机构是主要客户,包括国防部长办公厅、联合参谋部、作战司令部、陆军、空军、海军和海军陆战队。

为突显创新效果,国防创新小组采用连年累计的形式综合统计国家安全创新网络和国家安全创新资本业绩表现。其中,2016—2023财年,国防创新小组负责的国家安全创新网络共招募 10230 名人员,协助 1453 家新公司加入国家安全创新基础,产出 125 项技术,直接支持 39 个军民两用项目的启动,并为相关公司募集 207 亿美元资本。2021 财年以来,国防创新小组设立的国家安全创新资本已向 18 家自主、通信、电力、传感器、太空等领域的商业公司投资 3500 万美元,受资助公司在后续发展阶段募集到的资金总额达 2.868 亿美元,如图 5-2 和图 5-3 所示。

图 5-2　国防创新小组 2016—2023 财年收到提案数

图 5-3　国防创新小组 2016—2023 财年授出原型合同数和成功转化项目数

2023 财年,国防创新小组重点开展以下技术领域工作:一是人工智能与机器学习领域,包括海军无人潜航器水雷性能监测、利用人工智能视觉识别系统监控和保障华盛顿特区上空安全、协助国民警卫队提升灾害救援速度和效果。二是自主技术领域,包括增强人机协同战术,以提升海上系统和地面车辆自主化水平。三是网络与通信领域,包括与网络司令部合作提升网络攻防能力、利用5G等监测航天地面设备、通过区块链实现多级安全和数据联合等。四是太空领域,包括"战术响应太空"计划和混合太空体系架构计划。五是人因系统领域,包括机组人员疲劳风险管理、飞行员现代化训练、快速评估技术等。六是能源领域,包括对抗环境下合成燃料、远征条件下维持电力稳定,以及电力存储等。

国防创新小组的许多项目只有随着时间推移才能看出成效。例如,其与一家公司合作,在数月内为美国空军卡塔尔联合空中作战中心(CAOC)提供一个用于规划加油机任务的智能工具,替代原先的白板规划方式,估计每天可节省20万美元,年节省额将达1.37亿美元;使用人工智能算法分析E-3空中预警机过去七年的维护数据,发现关键系统计划外维护任务可减少28%;因项目成本从3.74亿美元猛增至7.45亿美元,空军取消了与诺格公司的空中任务规划项目,转而要求国防创新小组为空军寻求空中任务规划软件;协助空军与人工智能公司SparkCognition签署合同,将人工智能带入空军规划、计划、预算和执行流程,提升了领导层决策能力;授予钛金公司(Tanium)试点项目合同,耗时1年开发出网络安全软件,该软件在发现漏洞或黑客攻击之后能在15秒内评估出所有终端面临的危险,陆军在进行测试和验证后与钛金公司签署3500万美元合同,为陆军笔记本、台式机等终端安装该软件。

5.2 欧洲国防科技成果转移转化机制

欧盟各国国情不尽相同,形成了各具特色的国防科技成果转移转化体系。尽管发展道路不同,但依靠市场机制、促进政府与非政府部门的有效互动是各国国防技术转移工作的共同之处。

具体来说,英国早期的国防工业私有化过程使其国防科研机构很早就投身到市场竞争之中。奎内蒂克公司聚集了过去大量的国有国防科研力量,从而成为一家全球知名的国防供应商。即便国防工业的市场化程度已经很高,但政府保留下来的国防科技实验室也积极地成立知识产权公司,推动自己掌握的国防技术向民用领域转移。

德国在战后不得不依靠私营企业来发展自己的国防力量,藏军于民,较少提及国防技术转移。德国政府积极培育国内科技资源共享环境,国防技术转移工作由公立科研机构有序开展。这种方式让参与国防市场的企业能够充分利用各种政府科技资源来满足自身需要,并为政府提供国防产品。

法国在军企私有化改革后,将民间资本引入国防生产科研领域,充分利用市场力量推动军民科技相互转移转化。多层次的国防技术转移机构确保了民企对国防技术的充分了解。

5.2.1　英国国防科技成果转移转化机制

英国军民技术转移管理已经形成以犁铧创新公司(军转民)和国防与安全加速器(DASA)(民转军)为主,以奎内蒂克公司、知识转移网络和中小企业研究计划为辅的军民技术转移格局。

5.2.1.1　转移转化情况

经过多年的战略调整和私有化改革,英国国防科研形成了以国防科技实验室为核心,以国防科技实验室及奎内蒂克公司为主体,以政府科研机构、工业界科研机构和大学科研机构为依托的"小核心,大外围"格局。英国国防科技成果主要通过国防科技实验室的知识产权公司——犁铧创新有限公司,以及奎内蒂克公司管理的国防实验设施向民口进行共享和转移。

英国的国防技术转移,除私营军工企业自己的合作交易外,政府拥有和管理的科技成果主要依靠国防科技实验室下属的犁铧创新有限公司进行推广。犁铧创新公司由国防科技实验室于2005年成立,专门负责军用技术转民用,目前已授权超过125项技术专利,并通过合资或分拆的方式成立多家子公司,实现了国防技术在民用市场上的应用,加速了政府持有知识产权的商业化进程。英国国防部2021年3月发布的《国防与安全工业战略》提出,进一步发挥犁铧创新公司和"易获取知识产权"机制的作用,将其推广到整个国防与安全领域,促进科技成果转化和共享。犁铧创新公司为国防科技实验室研发的技术提供知识产权保护,通过授权许可、孵化子公司、合作研究、合资等方式推进技术成果转移,成果类型包括专利、软件、商标、设计权等,业务范围涉及光电技术、身份认证、创伤医学、检测诊断、网络安全、信息处理等领域。截至2022年,犁铧创新公司已获得140多项创新技术许可,通过合资或分拆的方式成立了以民用为主的哨兵光电子(Sentinel Photonics)、医疗科技(Presymptom Health)、水声技术(Clearwater Hydroacoustics)、电子支持措施(ESROE)、监控设备(Claresys)、P2i创新等企业。

2016年12月,英国国防与安全加速器作为国防科技实验室的创新资助与孵化中心开始运行,旨在促进政府防务与安全部门同工业界、学术界和盟友之间的协作,以针对最紧迫的国家安全挑战快速开发创新性解决方案。国防与安全加速器取代英国国防企业中心,并在其基础上更进一步,帮助供应商克服研发障碍,确保英国充分利用创新者维持军事优势。

国防与安全加速器支持广泛的创新工作,包括识别国防和安全应用技术,然后利用资金和专业知识支持技术开发和转化。根据国防与安全加速器2021年5月发布的《2021—2024年战略》,国防与安全加速器收到1700家组织机构(63%为中小企业)的4000多份提案,资助了来自379个组织机构(56%来自中小企业)的843个创新提案,价值1.365亿英镑,帮助实现了国防部将更多中小企业纳入供应链的目标。

5.2.1.2 成功案例

(1)犁铧创新公司助力成立P2i公司。

P2i公司起初是国防科技实验室的项目组,通过与杜伦大学的斯蒂芬库尔森博士合作,开发可更有效地对抗化学腐蚀并满足舒适性要求的士兵防护服。该项目组致力于各种防水技术的开发,在军方的高标准要求和资金支持下,在防水技术领域处于国际领先地位。犁铧创新公司认为其防水技术市场前景广阔,并开展了一系列市场调查,在吸引到重大投资者的支持后于2004年成立了P2i公司。这也是国防科技实验室首个分拆项目组成立的公司。转向民用市场后,犁铧创新公司作为股东继续支持P2i公司的可持续发展。凭借先进的防水技术,P2i公司与各大制鞋厂家签订授权协议开发防水产品,并以助听器为切入点于2010年进入消费电子领域,其子品牌Aridion主要用于手机、MP3播放器和助听器等电子设备。2012年2月,P2i公司在全球移动通信大会上展示了经过纳米涂层处理的具有防水功能的iPhone和iPod,引发了轰动。P2i公司获得多方投资,包括Swarraton、NAXOS、Porton、联合利华风险投资、彩虹种子基金等。该公司于2020年1月推出了无卤素技术,使公司能够使用不含氟、卤素、PFAS的工艺来实现其环境目标。

(2)支持苏格兰初创公司技术转化。

Glic有限公司是一家位于苏格兰阿伯丁郡的科技初创企业,于2016年开始研究民用自动挂接系统,开发无需人工干预即可将拖车与车辆无缝连接的先进技术。两年后,交付了智能挂接装置的全功能原型,该设计已在澳大利亚、德国、英国和美国获得专利。英国国防与安全加速器鼓励Glic将其设计用于军用智能挂钩,帮助其于2019年获得9.9万英镑,为北约车辆设计挂接装置。之后,英国陆军提供资金开发军用路虎智能挂接装置,已完成演示验证。

5.2.2 德国通过公立科研机构推进转移转化

德国国防技术转移的特点是以非政府机构为主,简政放权,由市场主导,主要通过政府影响的公立科研机构有序开展。战败背景下的德国并没有大力发展国有性质的国防工业,其国防力量的保持主要依托于私营企业,将军品科研生产完全纳入市场体系之中。这种方式让参与国防市场的企业能够充分利用各种政府资源来满足企业发展需要,并为政府提供国防产品。

5.2.2.1 参与国防研究的德国公立科研机构

在国防科研方面,德国有很多非营利性公立科研机构,主要由德国四大科研协会管理,其中马普学会、海姆霍兹联合会和莱布尼茨联合会为德国国防科研提供基础支持,而弗朗恩霍夫协会致力于应用技术研究,是德国国防定向研究的主要参与者。另外,德国国防科研机构还包括专攻国防与安全技术的圣路易法德研究所(ISL)、负责航空航天领域研究的德国宇航中心(DLR)等。德国国防部国防军装备、信息技术与在役保障总署(BAAINBw)对这些科研机构的管理主要是提供基本资助、确定科研机构的总目标和任务、向科研院所的监督部门派驻代表,以及对研究成果进行检查和鉴定等。德国国防技术转移体现在上述科研机构的技术转移工作上,这些机构通过市场化手段,为德国及欧洲企业提供国防或安全领域的技术研发支持、成果交易、设施共享等服务,并实现国防技术转移。

德国国防部将研发合同项目称为基于未来的国防能力研究。这些项目涉及机械、通信、信息、生物识别、雷达监测、水下营救系统、航空航天等技术。德国国防军装备、信息技术与在役保障总署是集中采购的实施机构,通过招标与相关机构签订研发合同。其中,大部分项目由德国弗朗恩霍夫协会的相关实验室负责研发;航空航天项目主要由德国宇航中心负责研发;能源方面的项目由圣路易法德研究所承担;半导体等电子技术项目主要由德国国防大学承接。

5.2.2.2 各科研机构的转移转化情况

德国弗朗恩霍夫协会主要致力于应用技术的开发,其在国防技术方面的研究处于领先地位。例如,德国国防军装备、信息技术与在役保障总署发布的2011年度军事技术研究报告提到了共计27项国防技术研究项目,其中9项由德国弗朗恩霍夫协会完成。目前,该协会设有66个研究所,其中,国防和安全研究联盟(VVS)由10个研究所构成,主要负责德国国防与安全技术研究。合作研是该机构最主要的技术转移方式，由企业提出研究、生产、制造等方面的技术需求并支付费用，该协会进行评估后，开展研究、开发、测试等工作，成果直接交付企业并采取必要的保密措施。

德国宇航中心一直致力于航空航天技术研究，作为政府、学界及工业界的合作伙伴，致力于研究开发航空、运输、太空、能源、交通等方面的国防与安全技术，并且向企业转移自身专利技术。德国宇航中心的技术转移并非单纯的技术转移，而是提供从技术到成品实现的全套服务，包括产品及市场的计划、融资支持等非技术内容。2010年9月，德国联邦经济与技术部发布了名为"民间安全：未来的重要市场"工业政策倡议。德国宇航中心认识到该领域的发展空间，并结合自身在国防及安全技术领域的能力和多年经验，在内部建立了"国防与安全研究计划"，重点拓展民用安全技术市场。该计划汇集了航空、航天、能源及运输方面的专业队伍，期望利用德国宇航中心在国防领域的研究经验向客户提供适合的发展目标。同时，德国宇航中心基于多年研究经验，进一步研究民用安全技术，为客户提供风险防范管理、灾难控制等方面的服务。

圣路易法德研究所是法国和德国共同投资建立的研究所，主要从事国防技术研究。2010年，圣路易法德研究所加大了与企业及大学的合作力度，开启了"专利、许可证转移"业务，并在每年的年度报告中对其拥有的专利情况进行宣传介绍。2011年后，圣路易法德研究所进一步加强通过"第3方合同"的方式（类似于合作研究）参加民用研究项目，并且"第3方合同"中军民两用技术的数量超过了军事技术（2011年，军事技术占47.2%，军民两用技术占52.8%；2012年军事技术占39%；军民两用技术占61%）。

5.2.3　法国重视军民两用技术的双向转移转化

法国政府和国防工业界十分重视军民两用技术的双向转化和利用。一方面，在利用军用技术开发民品上为工业部门提供诸多方便。如对同一工厂同时开展军品和民品生产，除国家安全方面的限制和军用规范外，法国政府没有设置法律条例和会计制度上的障碍，为国防合同商利用研制军用产品的核心技术开发民品创造了条件。另一方面，重视将民用技术应用到军事系统中。为保证民用技术向军用的转移，法国国防部在采办过程中，尽量采用民用标准和产品，该原则不仅体现在零部件和技术发展上，还成为了合同商业务工作的根据。

（1）组织管理机构。

根据2019年法国国防部发布的《国防创新指南》，法国军民两用技术发展相关的组织管理机构有：

① 国防创新指导委员会（COPIL）。牵头推动法国国防创新。委员会由三军参谋长主持，成员包括国防部各军种、司令部、各部局人员以及一些军外知名人士，主要职能是明确创新政策方向，确保政策落实。

② 国防创新局。2018年9月1日，法国国防部正式组建国防创新局，作为具体指导和组织国防创新的部门，牵头开展所有与国防创新相关的工作，包括：推动创新政策的完善与实施；为创新战略制定提供支持；协调与指导科技创新工作；管理部分重点创新计划；推动与公共部门、私营企业等建立合作伙伴关系，并促进国际合作。国防创新局提出12大优先资助领域：全天候自动驾驶汽车；反无人战斗机和不借助卫星定位系统的地理定位技术；自动驾驶汽车集群管理系统与技术；多源、海量数据收集、分析与处理技术；传感器；战场能源供给；企业的社会责任与环境保护；人的心理健康与最大承受力；人体异常检测；人机交互；远程医疗；颠覆性创新医疗。这些领域也法国军民两用技术双向转移化的重点领域。

③ 军队"创新通讯员"。主要职责是帮助各部门明确国防创新方向，保证国防创新政策的传播和执行等。

（2）重点活动与措施。

根据2019年法国国防部发布的《国防创新指南》，法国军民两用技术相关创新活动按阶段可划分为六类。

① 创新成果的发现与获取。重点是适应科技发展总体趋势，充分利用民用领域创新成果服务国防建设。措施包括：建立高效互连的创新成果感知网络和报送机制，加强与政府其他部门（如科学研究部、航空航天研究院、原子能和替代能源委员会、国家空间研究中心、法德圣路易研究所等）及工业界的合作伙伴关系，发现民用领域创新成果；从技术成熟度、市场成熟度、用户成熟度三个维度进行评估，以针对性开展工作，全方位推进创新成熟度，加快创新成果转化应用。

② 创新活动的发起与计划制定。重点是根据现实或预期军事需求"自上而下"发起和规划"计划型创新"。措施包括：在分析法国中远期战略环境和预测军事需求的基础上，界定军事能力发展重点，明确科技创新方向，促成符合未来能力需求的创新方案，以更有效发挥政府对创新的引导作用。此外，推动跨行业分析在通用技术和新兴技术发展中的应用，促进中小型创新企业的出现。

③ 创新活动加速及规模扩大。重点是持续加速提高产品与服务的成熟度，将创新活动及其研发成果融入装备采办的各个环节。措施主要包括：整合各类创新支持计划，推动各计划之间的协调一致，扩大计划的支持覆盖范围；吸引投

资机构对创新项目给予支持,必要时与私营或公共融资机构进行合作,推动多渠道融资;实施灵活采购政策,如在确定进度时考虑延期可能,提高采购过程的敏捷性;采用开放式技术架构和不确定性项目管理方法,以将创新更好地集成到已部署的能力中;通过金融支持、明确研究主题、限定最小采购份额等方式推动创新型企业发展。

④ 创新合作共享。重点是与各行业保持密切合作,促进国防相关科技的研究与转化应用。措施包括:积极融入国家创新生态系统之中,与负责民用领域创新政策的部门建立密切联系,如企业总局、研究与创新总局、国家科研署、国家投资银行等,以共同推进国家研究和创新战略;加大对科技研发的支持力度,通过共享实验室、工业论坛、卡诺研究所联盟、校企联合培养协议等工具推进科研成果的形成、评估与应用;加强与多边和双边框架中世界各地各领域合作伙伴的联系,广泛参与欧洲防务基金、欧洲科研框架计划等多边协议,推动国际合作,尤其是欧盟内部的合作,以共同分担风险和投资。

⑤ 创新项目的评估与增值。重点是掌握创新投入情况,提高项目价值,加强与项目参与方的联系。通过评估还可普及最佳组织实践,推动建立持久的、有利于所有领域创新发展的环境。措施包括:对创新性项目成果及效果开展定性与定量评估,并对项目的增值要素提出建议,以逐步实现创新闭环,确保投入资源与创新政策目标保持一致;对最具前景的创新项目,根据创新者意愿组织开展内部和外部交流,探索提升项目价值的方向和方法;通过设立奖励机制、在评价官员时考虑创新能力等多种方式,鼓励提升项目的创新性价值。

⑥ 创新文化的培育。重点是更好地调动和应用人力、财力等资源,促进国防科技创新。措施包括:邀请科幻小说作家和未来学家组建"红队",预测颠覆性技术可能带来的影响,以吸收新思想;识别并改进效率欠佳、应用障碍、机遇流失等不足;完善人力资源政策,保持官员履历多样性,促进官员的知识、技术、社交等必备能力的发展;赋予中层管理人员自主权,适度免除决策者和创新者创新失败的责任,并促进官员之间的合作与横向竞争,以加强组织和管理创新;构建创新人员之间的交流网络,用于共享创新想法和实践。

第 6 章
启示

美欧国防与军事实力很大程度上是其多年秉承科技制胜的结果,拥有和保持技术优势早已成为其军事战略的基石。为确保国防科技领域优势,美欧在资源与政策等方面均不遗余力地给予引导和支持,并重视打造多方参与、优势互补、协同治理、合力共建的国防科技创新生态。

6.1 美国国防科技协同创新机制的启示

一是建立军民科技顶层组织管理架构。美国国防科技管理在组织架构上是一种由总统集中决策,国会立法和监督,国防部、能源部、国家航空航天局及其他相关部门各司其责并协调领导的体制。美国政府主要通过国家科技委员会来进行协调,采取"集中+分散"的管理方式,成立由一个部门牵头、多个部门参与的专门委员会,负责军民两用重大技术领域的规划计划制定和项目协调;部分跨部门的重大科技工程由白宫科技政策办公室牵头、合作各方负责人联合组成高级领导小组,制定政策并进行协调。我国应建立军政各方共同参与的国防科技协同创新机制,聚焦国家战略和国防安全需要,统筹国防科技和国家科技,加强国家和国防科技创新规划的衔接;促进军地科技创新需求有效对接,推进重大科技任务联合论证、资源统一配置,任务统一部署、协同实施。

二是构建体系完整的政府所属国防科研机构。美国政府所属的国防科研机构包括国防部(含各军种)实验室、能源部国家实验室和NASA研究中心,主要承担前瞻性、基础性以及多学科综合的研究工作,尤其是投资大、周期长、风险高、企业无力或不愿承担的项目。目前,我国国防科技创新主体包括军工企业及科研院所、军队科研院所、中国科学院、高等院校和民口民营企业,应深化国防科技创新能力布局优化,核心能力国家主导、重点支持,重要能力有限竞争、择优扶持,一般能力市场运作、充分竞争。

三是建立较为完备的法律法规体系。美国的《小企业合作研究法》《联邦科技转化法》《国家合作研究与生产法》《加强小企业研究与发展法》《国防技术转轨、再投资和过渡法》等,既增强了科技发展的协调性,也加强了各个创新实体之间的协同合作。目前,我国发布很多政策文件,其中涉及协同创新的论述和举措很多,但政策法规体系不健全、相关政策不协调仍阻碍着国防科技协同创新,应强化政策法规保障,加快法律法规立改废释工作,健全薄弱环节和关键领域的政策制度。

四是采取多种措施促进国防科技创新资源开放共享。扩大国防创新项目受众面,鼓励政府研究机构与美国商业公司合作进行研究开发;资助专门的协同创新项目,制定和实施了"快速创新基金""小企业创新研究计划""小企业技术转移计划"等一系列扶持中小企业技术创新的计划;搭建国防科技创新需求发布平台,如美国国防部的"国防创新市场"网络平台,向社会公布科技计划、需求,并为各类机构提供申请参与科技活动的入口;推动国防科研资源开放共享,国防科研设施设备可供来自大学、国家实验室、私营企业和其他联邦科研机构的科研人员使用。目前,我国积极推进人才、资金、设备设施等科技资源的开放共享,但军民资源开放共享仍有待提高,应完善国防重大科研基础设施、大型科研仪器、重要数据资源开放共享制度,实施基于服务绩效的激励政策;健全国防科技人才培养体系,完善军地联合、科教融合等模式,以国家重大工程、重大项目为载体,加快人才培养。

6.2 欧洲国防科技协同创新机制的启示

一是不断健全完善国防科技协同创新相关政策制度。健全的政策法规与战略体系,是协同创新的根本保证。通过分析欧盟及英法德三国的国防科技协同创新机制可以发现,制度设计一直作为一项基础性工作被谋划在前。无论在欧盟层面,还是在欧防局层面或具体国家层面,均通过顶层制度设计厘清了国防科技创新主体的各种关系,明确了具体管理部门,修正和细化了具体机制和举措,从而以政策制度的形式为协同创新保驾护航,为国防科技协同创新发展铺设道路,指明方向。

二是持续推动国防科技需求对接,有效吸引各类创新主体投身国防市场。欧盟及英法德三国采取多种举措促进国防科技需求对接,包括:通过信息日、信息发布会、创新论坛、技术展览会等方式促进各方信息沟通;通过组织国防创新奖评选、举办国防创新挑战赛等方式吸引非传统供应商关注;通过设立专门机构、建立专门的网站平台来加强沟通协调、发布需求信息,这些举措极大提升了国防科技的关注度,有效吸引各类主体参与国防科技创新活动。

三是多举措加强国防科技资源共享,整合资源推进国防科技创新。在创新主体协同方面,欧盟及英法德注重发挥中小企业作用,积极推动中小企业参与国防科技创新;引入竞争机制,构建公平开放的市场环境;统一军民标准,破除非传统供应商参与国防科技创新的阻碍;鼓励科研机构与企业之间的合作,形成协同创新关系。在人才培养与利用方面,欧盟在科研项目中设立专门基金帮助青年人才成长;英国国防部与学校合作推动工程与科学人才培养,并在关键领域加强高水平技术人才培养。在科研设备设施共享方面,欧盟通过欧盟科研框架计划构建科研设备设施网络,实施欧洲科研基础设施路线图计划和欧洲科研基础设施联盟计划,加大科研设备设施的共享和利用。

四是逐步实施改革过程,适时调整机构,形成以市场机制为主的技术转移体系。英国国防部根据本国军民技术转移的实际发展情况,及时发布相关国防技术战略,调整改革管理机构。从私有化国防科研机构、组建国防技术中心和犁铧创新公司到建立国防企业中心及转变为国防安全与技术加速器,这一系列改革措施表明,英国国防部逐步转变了军民技术转移的管理模式,从过去依靠政府机构的行政管理方式,转变为以市场机制调节为主的管理机制,通过界定产权、公开信息、简政放权,有序地推动了英国军用技术转民用工作的开展。

参考文献

[1] U. S. Department of Defense. Reliance 21 operating principles[R]. DTIC, 2014,1.

[2] U. S. Department of Defense. Reliance 21 execution plan[R]. DTIC, 2009,3.

[3] The White House. National security strategy of the United States of America[R]. Washington: The White House, 2017,12.

[4] U. S. Department of Defense. National defense science & technology strategy 2023[R]. Arlington: U. S. DoD,2023,5.

[5] U. S. Department of Defense Joint Directors of Laboratories. Tri–service science & technology reliance annual report[R]. DTIC, 1992,12.

[6] U. S. Department of Defense. Defense Science and technology strategy[R]. DTIC, 1994,10.

[7] European Commission. The european defence industrial strategy[R]. Brussels: European Commission,2024,3.

[8] Office of Management and Budget and Office of Science and Technology Policy. FY 2025 Administration Research and Development Budget Priorities[R]. Washington: The White House, 2024,8.

[9] National Science and Technology Council. Materials genome initiative strategic plan[R]. Washington:The White House, 2014,12.

[10] National Economic Council and Office of Science and Technology Policy. A strategy for American innovation[R]. Washington: The White House, 2015,10.

[11] Committee on Homeland and National Security of the National Science and Technology Council. A 21st century science, technology, and innovation strategy for America's national security [R]. Washington: The White House, 2016,5.

[12] Select Committee on Artificial Intelligence of the National Security of the National Science and Technology Council. National artificial intelligence research and development strategic plan [R]. Washington: The White House, 2023,5.

[13] The President of the United States. National strategy for critical and emerging technologies [R]. Washington: The White House, 2020,10.

[14] European Commission. European defence fund indicative multiannual perspective 2021–2027 [R]. Brussels:European commission,2022,5.

[15] European Defence Agency. The 2023 EU capability development priorities[R]. Brussels: EDA,2023,11.

[16] Presented to Parliament by the Prime Minister. Global britain in a competitive age: the integrated review of security, defence, development and foreign policy[R]. London: Office of the

Prime Minister,2021,3.

[17] Presented to Parliament by the Prime Minister. Integrated review refresh 2023: responding to a more contested and volatile world[R]. London: Office of the Prime Minister,2023,3.

[18] Ministry of Defence. National security through technology: technology, equipment, and support for UK defence and security[R]. London: Ministry of Defence,2012,2.

[19] Ministry of Defence. The defence innovation initiative: advantage through innovation[R]. London: Ministry of Defence,2016,9.

[20] Defence Innovation Directorate. Defence innovation priorities: accelerating commercial opportunities to solve Defence's most pressing challengies[R]. London: Ministry of Defence,2019,9.

[21] Defence and Security Accelerator. Innovation for a safer future: DASA strategy 2021–2024[R]. London: DASA,2021,5.

[22] DES ARMÉES M.. Document d'orientation de l'innovation de défense[R]. Paris: Ministère des Armées,2019.

[23] Federal Minister of Education and Research. The high–tech strategy 2025: research and innovation that benefit the people[R]. Berlin: The Federal Government,2018.

[24] BUNDESREGIERUNG D. Nationale sicherheits–und verteidigungsindustriestrategie[R]. Berlin: Das Kabinett,2024,12.

[25] Office of the Under Secretary of Defense for Acquisition and Sustainment. Other transactions guide[R]. Arlington: U.S. DoD,2023,7.

[26] Defense Science Board. Final Report of the Defense Science Board Task Force on Defense Research Enterprise Assessment[R]. DSB,2017,1.

[27] U.S. Small Business Administration. SBIR & STTR annual report fiscal year 2022[R]. Washington: Small Business Administration,2024.

[28] DWYER M, SHEPPARD L, HIDALGO A, et al. To compete, invest in people: retaining the U.S. defense enterprise's technical workforce[R]. CSIS,2020,11.

[29] Committee on STEM Education of the National Science & Technology Council. Charting a Course for Success: America's Strategy for STEM Education[R]. Washington: The White House,2018,12.

[30] Department of Defense. STEM strategic plan FY2016–FY2020[R]. Arlington: U.S. DoD,2015.

[31] Department of Defense. STEM strategic plan FY2021–FY2025[R]. Arlington: U.S. DoD,2021.

[32] European Commission. EU funding for dual use and guide for regions and SMEs[R]. Brussels: European commission,2015,9.

[33] European Commission. An SME strategy for a sustainable and digital Europe[R]. Brussels:

European commission,2020,10.

[34] TechLink. 2000 – 2021 National Economic Impacts From Department of Defense License Agreements with U. S. Industry[R]. TechLink,2022,7.

[35] Defense Innovation Unit. FY2023 Annual Report[R]. Arlington：DIU,2024,5.

[36] Government Accountability Office. Additional actions needed to improve licensing of patented laboratory inventions[R]. GAO,2018,7.

[37]方晓东. 法国国家创新体系的演化历程、特点及启示[J]. 世界科技研究与发展,2021.

[38]游光荣,赵林榜,闫宏,等. 世界各国军民融合政策制度建设的典型做法与特征规律[J]. 科技政策中心动态,2016.

[39]程桂枝. 美国推动小企业参与军民融合的计划及其启示[J]. 当代经济,2019.

[40]孙兴村. 对美国"国防创新试验机构"的研究与分析[J]. 国防科技工业,2017,4.

[41]宋文文. 美国推动军民两用技术转移的主要做法及启示[J]. 军民两用技术与产品,2018.

[42]贾珍珍. 军民融合深度发展的科技协同创新体系研究[J]. 中国高新区,2017(16).

[43]彭中文,刘韬,张双杰. 军民融合型科技工业协同创新体系构建研究——基于国际比较视角[J]. 科技进步与对策,2017(03).

[44]池建文,梁栋国,孙兴村,等. DARPA的突破性创新之路[M]. 北京:国防工业出版社,2024.

[45]吴亚菲,舒本耀. 美国国防科技协同创新的经验启示[J]. 中国军转民,2017.

[46]孙兴村,钱中. 美国国家国防制造与加工中心的运行模式[J]. 国防科技工业,2020,7.

[47]张炜,杨选良. 构建中国特色军民融合语体系——走出中美比较研究的误区[J]. 北京理工大学学报(社会科学版),2017.